U0232712

长江经济带研究丛书

CHANGJIANG JINGJIDAI
SHENGTAI WENMING JIANSHE YANJIU

长江经济带 生态文明建设研究

陈丽媛◎著

丛书主编◎秦尊文

长江出版传媒
湖北科学技术出版社

图书在版编目（CIP）数据

长江经济带生态文明建设研究 / 陈丽媛著 . — 武汉 : 湖北科学

技术出版社，2020.9

（长江经济带研究丛书）

ISBN 978-7-5352-9114-1

Ⅰ . ①长… Ⅱ . ①陈… Ⅲ . ①长江经济带－生态文明

－建设－研究 Ⅳ . ① X321.25

中国版本图书馆 CIP 数据核字（2016）第 236576 号

策　　划 : 林　潇　李　佳　　　　　　　　封面设计 : 胡　博

责任编辑 : 阮　静　童桂清　　　　　　　　责任校对 : 王　梅

出版发行 : 湖北科学技术出版社		电　　话 : 027-87679468	
地　　址 : 武汉市雄楚大街 268 号		邮　　编 : 430070	
（湖北出版文化城 B 座 13—14 层）			
网　　址 : http://www.hbstp.com.cn			

印　　刷 : 湖北金港彩印有限公司　　　　　　　　　　　　邮　　编 : 430023

710×1000	1/16	17.25 印张	260 千字
2020 年 9 月第 1 版		2020 年 9 月第 1 次印刷	
		定　　价 : 100.00 元	

总　序

2013年7月21日，习近平总书记在湖北武汉考察时提出："长江流域要加强合作，充分发挥内河航运作用，发展江海联运，把全流域打造成黄金水道。"2014年9月，国务院发布《国务院关于依托黄金水道推动长江经济带发展的指导意见》（国发〔2014〕39号）。2016年3月25日，中共中央政治局召开会议，审议通过了《长江经济带发展规划纲要》，对长江经济带建设和发展做出全面部署。2017年10月，中共十九大报告明确指出："以共抓大保护、不搞大开发为导向推动长江经济带发展。"2018年4月26日，习近平总书记在武汉主持召开深入推动长江经济带发展座谈会并发表重要讲话，提出"要正确把握整体推进和重点突破、生态环境保护和经济发展、总体谋划和久久为功、破除旧动能和培育新动能、自我发展和协同发展等关系"。我们要以此为指针，努力实现长江经济带的高质量发展。

第一，要将长江经济带建成生态文明建设的先行示范带。2016年1月5日，习近平总书记在重庆召开推动长江经济带发展座谈会时指出："推动长江经济带发展必须坚持生态优先、绿色发展的战略定位，这不仅是对自然规律的尊重，也是对经济规律、社会规律的尊重。"2018年，习近平总书记在武汉主持召开深入推动长江经济带发展座谈会，又强调："长江经济带绿色发展，关键是要处理好绿水青山和金山银山的关系。这不仅是实现可持续发展的内在要求，而且是推进现代化建设的重大原则。生态环境保护和经济发展不是矛盾对立的关系，而是辩证统一的关系。不能把生态环境保护和经济发展割裂开来，更不能对立起来。"长江经济带的绿色发展，还要发挥市场主体和全社会的主动性和积极性。此前，习近平总书记在宜昌指出："企业是长江生态环境保护建设的主体和重要力量，要强化企业责任，加快技

1

术改造，淘汰落后产能，发展清洁生产，提升企业生态环境保护建设能力。"只有企业的责任意识上去了，才会终结政府环保与企业之间"猫捉老鼠"的游戏。总书记还强调，"生态环境保护的成败归根到底取决于经济结构和经济发展方式"。这也说明经济发展方式决定了生态文明建设的成败。

第二，要将长江经济带建成引领全国转型发展的创新驱动带。中共中央、国务院强调实施创新驱动发展战略，有关部门也制定了《长江经济带创新驱动产业转型升级方案》。2016年习近平总书记重庆讲话，主要是讲"不搞大开发"，破除旧动能，侧重点是"破旧"；2018年习近平总书记视察湖北讲话主要谈科学发展、绿色发展和高质量发展，强调培育新动能，侧重点是"立新"。我们要积极稳妥腾退化解旧动能，破除无效供给，彻底摒弃以投资和要素投入为主导的老路，为新动能发展创造条件、留出空间，实现腾笼换鸟、凤凰涅槃。

第三，要将长江经济带建成具有全球影响力的内河经济带。长江经济带横贯我国东中西三大区域，覆盖11省市，地域面积约205万平方千米，人口和生产总值均超过全国的40%，在我国发展大局中具有举足轻重的战略地位。长江经济带是我国重要的农业生产区、现代工业走廊和现代服务业聚集区。粮食总产量全国占比超过30%，水稻、油菜籽、淡水产品等重点农产品产量全国占比超过50%。电子信息、装备制造、有色金属、纺织服装等产业规模全国占比均超过50%，新型平板显示、集成电路、光电子信息、先进轨道交通装备、船舶和航空航天、海洋工程装备、汽车、电子商务、生物医药等产业已具备较强国际竞争力。金融保险、现代物流、文化产业等服务业特色优势突出。必须发挥长江黄金水道的独特作用，构建现代化综合交通运输体系，推动沿江产业结构优化升级，打造世界级产业集群，培育具有国际竞争力的城市群，使长江经济带成为充分体现国家综合经济实力、积极参与国际竞争与合作的内河经济带。

第四，要将长江经济带建成东中西互动合作的协调发展带。长江经济带地跨我国东中西三大地带，区域发展很不平衡。同为直辖市的重庆，人均GDP（国内生产总值）不到上海的1/2；江西省人均GDP也不及东部邻省浙江的1/2；贵州省人均GDP甚至不到江苏省的1/3。即使在经济发达省份，也存在内部区域发展不平衡的现象。如江苏省，苏南地区非常发达，而苏北地区仍是全省发展的短板。应立足长江上中下游地区的比较优势，统筹人口分布、经济布局与资源环境承载能力，发挥长江三角洲地区的辐射引领作用，促进中上游地区有序承接产业转移，提高要素配置效率，激发内生发展活力。要充分利用城市群在区域协调发展中的促进功能。改变特大城市群过度集中在沿海地区的局面，发展壮大长江中游城市群、成渝城市群，加快形成带动中西部发展的全国性增长极。注重培育沿长江、沿陇海等交通干线城市群连绵带，促进东中西部城市群和区域经济协调发展。

2016年初，湖北省社会科学院和湖北科学技术出版社商定联合推出本套丛书，并纳入政府资助出版的公益项目。湖北省占有最长长江干线，驻有国家各类长江管理机构，对长江经济带发展的关注是"天然"的。早在1985年，湖北省社会科学院就建有专门研究长江流域经济的机构，为全国第一家。1988年，湖北省委、省政府提出"长江经济带开放开发"战略，也开全国之先河。湖北省是"长江经济带"概念的提出者，是建设长江经济带的先行者，开展长江经济带研究最

3

早、持续时间最长。"长江经济带"上升为国家战略后，湖北人民欢欣鼓舞，斗志昂扬。

从书作者主要来自湖北省社会科学院，均长期从事长江流域经济及相关研究，研究对象为整个长江经济带。本套丛书既有对长江经济带发展的整体研究，也有长江经济带生态文明、产业发展、区域协调等方面的专题研究。希望这套丛书的推出，能为湖北在长江经济带高质量发展方面做出贡献。当然，丛书中可能还存在一些不完善的地方，敬请广大读者批评指正！

秦尊文

2020年1月6日

前　言

　　20世纪六七十年代严重的环境危机使生态环境的重要性逐渐为各国政府、学者、民众所认识，世界范围内人们对发展观进行了新的思考和探索。当今世界已经开始迈向生态文明时代，全世界联合起来拯救地球成为共识，生态文明、生态保护、低碳生活成为全球性话语。国家十八大提出，生态文明是人类为保护和建设美好生态环境而取得的物质成果、精神成果和制度成果的总和，是贯穿于经济建设、政治建设、文化建设、社会建设全过程和各方面的系统工程，反映了一个社会的文明进步状态。党的十九大报告进一步强调，建设生态文明是中华名族永续发展的千年大计。必须树立和践行绿水青山就是金山银山的理念，坚持节约资源和环境保护的基本国策，像对待生命一样对待生态环境。

　　长江拥有独特的生态系统，是我国重要的生态宝库。长江流域水资源丰富，据统计，长江流域内共有3600多条通航河流，全国70%的内河通航里程被长江所占据。长江流域水质较好，一直为沿途工农业生产和人民的生活提供较为良好的水源。同时，良好的水质也为长江流域的水生生物生长繁殖提供了比较理想的环境。流域内淡水渔业产量约占全国60%；湿地面积1154万公顷，超过全国湿地总面积的1/5；分布着多种珍稀野生动植物，是全球生物多样性保护的热点地区。长江流域也是我国重要的矿产资源地，黑色金属、有色金属、贵金属、非金属及能源矿产丰富，储量大，部分矿种达中国乃至世界之最。流域内的云南、贵州、四川、湖北、湖南、安徽等省均为我国的矿产资源大省，矿产资源及其相关产业成为这些地区的重要支柱产业。

2014年9月12日，《国务院关于依托长江黄金水道推动长江经济带发展的指导意见》（国发〔2014〕39号）指出，要部署将长江经济带建设成为具有全球影响力的内河经济带、东中西互动合作的协调发展带、沿海沿江沿边全面推进的对内对外开放带和生态文明建设的先行示范带。

2016年1月5日，中共中央总书记、国家主席、中央军委主席习近平在重庆召开座谈会上指出，长江是中华民族的母亲河，也是中华民族发展的重要支撑。推动长江经济带发展必须从中华民族长远利益考虑，走生态优先、绿色发展之路，使绿水青山产生巨大生态效益、经济效益、社会效益，使母亲河永葆生机活力。习近平强调，当前和今后相当长一个时期，要把修复长江生态环境摆在压倒性位置，共抓大保护，不搞大开发，把实施重大生态修复工程作为推动长江经济带发展项目的优先选项，在生态环境容量上过紧日子的前提下，依托长江水道，统筹岸上水上，正确处理防洪、通航、发电的矛盾，自觉推动绿色循环低碳发展，有条件的地区率先形成节约能源资源和保护生态环境的产业结构、增长方式、消费模式，真正使黄金水道产生黄金效益。

2016年9月12日，《长江经济带发展规划纲要》（以下简称《纲要》）正式发布，《纲要》指出：长江经济带覆盖上海、江苏、浙江、安徽、江西、湖北、湖南、重庆、四川、云南、贵州等11省市，面积约205万平方千米，占全国国土面积的21%。《纲要》描绘了长江经济带发展的宏伟蓝图，是推动长江经济带发展重大国家战略的纲领性文件，是当前和今后一个时期指导长江经济带发展工作的基本遵循。

　　2018年4月26日，习近平在武汉再次就长江经济带发展召开座谈会，提出，新形势下推动长江经济带发展，关键是要正确把握整体推进和重点突破、生态环境保护和经济发展、总体谋划和久久为功、破除旧动能和培育新动能、自我发展和协同发展的关系，坚持新发展理念，坚持稳中求进工作总基调，坚持共抓大保护、不搞大开发，加强改革创新、战略统筹、规划引导，以长江经济带发展推动经济高质量发展。长江经济带横跨我国东中西三大区域，人口和经济总量均超过全国的40%，生态地位重要、综合实力较强、发展潜力巨大。因此，我们必须探索出一条生态优先、绿色发展之路，大力推进生态保护和修复，严格进行污染防治，积极化解落后产能、推动转型发展，才能守住绿水青山，让中华民族母亲河永葆生机活力，为美丽中国建设提供样本和范例，成为中国经济高质量发展的排头兵。同时探索长江经济带生态优先、绿色发展之路，将长江经济带建成生态更优美、交通更顺畅、经济更协调、市场更统一、机制更科学的黄金经济带，体现长江沿岸九省二市为实现中华民族永续发展的责任担当。

目　录

第一章　长江经济带生态文明建设背景与基础

　　生态文明是21世纪现代工业文明下为解决资源环境问题，实现自然与人的和谐发展而提出来的，是追求人类与环境和谐统一、协调发展的新型文明。生态文明既不同于以牺牲环境谋求发展的工业文明，也不同于以牺牲人类的发展来维持人与自然和谐的早期文明，它追求的是人与自然互惠共生、同步发展的自觉和谐。

　　党的十九大报告将生态文明建设提高到非常重要的地位，明确提出，人与自然是生命共同体，人类必须尊重自然、顺应自然、保护自然；建设生态文明是中华民族永续发展的千年大计；我们要建设的现代化是人与自然和谐共生的现代化，既要创造更多物质财富和精神财富以满足人民日益增长的美好生活需要，也要提供更多优质生态产品以满足人民日益增长的优美生态环境需要。

第一节　生态文明的定义与内涵

一、生态文明的定义

关于生态文明的定义，国内外有很多论述，在这些论述中，有相同之处又有所区别，视角不同，表述有所不同。

国外并没有直接提出生态文明的概念，但是围绕可持续发展与生态建设进行了大量的理论研究，如生态伦理观、生态马克思主义和生态社会主义、西方绿色思潮与环境主义、政治生态学和绿色政治思潮、生态文明悲观论和乐观论，并探索实行了一系列制度。如美国学者罗伊莫里森认为生态文明（ecological civilization）是为了各种形式的生态民主制的建立和共同发展。这不仅对我们生存来说是必要的，对持久的和平和繁荣也是必需的，并且经济增长肯定意味着生态的改善，而不是生态遭到破坏。这是对可持续性做出的切合实际的解释。在生态补偿制度方面，德国最早将生态补偿应用于实践，自1976以年来，以"补偿原则"方法作为评估环境影响的工具。1999年德国发起了生态税改革，2000—2003年机动车燃料和电力的税率每年都不断地上升。美国应用补偿的思想与德国相似，很多法律文件都含有有关补偿的要求，如1934年的Fish and Wildlife Coordination Act、1969年的国家环境政策法（NEPA）、1973年的濒危物种法（ESA）、1977年的清洁水法（CWA）等。美国与1986年通过保护区计划，补偿土壤侵蚀对流域周围的耕地和边远草地拥有者造成的损失。美国为减少河流水资源的富营养化、改善水质，采用了污染信贷交易等。

国内关于生态文明的定义，主要有以下几种。第一，有广义、狭义之分。广义的生态文明是继原始渔猎文明、农业文明和工业文明之后的人类文明的第四个阶段；狭义的生态文明是当代人类文明发展的一个方面，与经济文明、政治文明、文化文明和社会文明并列。应该说这两种生态文明是紧密联系的，广义的生态文明以狭义的生态文明为基础，而狭义的生态文明又可以衍生出广义的生态文明。第二，着重人、自然与社会的关系。学者潘岳在《论社会主义生态文明》一文中明确提出，生态文明就是指人类遵循人、自然、社会和谐发展这一客观规律而取得的物质与精神成果的总和，是指以人与自然、人与人、人与社会和谐共生、良性循环、全面发展、持续繁荣为基本宗旨的文化伦理形态。这里着重强调生态文明产生于人、自然、社会之间的和谐发展，是围绕着三者之间关系产生的物质与精神总和。第三，从文明形态的视角来定义。俞可平教授在《科学发展观与生态文明》一文中提出，生态文明就是人类在改造自然以造福自身的过程中为实现人与自然之间的和谐所做的全部努力和所取得的全部成果，它表征着人与自然相互关系的进步状态。这种界定主要强调生态文明是在人与自然之间产生的所有成果，而且是一种新的、更为高级的文明形态。第四，从生态学的角度出发。著名生态学家叶谦吉在1987年全国生态农业问题讨论会上提出了生态文明建设的新观点。他认为"所谓生态文明就是人类既获利于自然，又还利于自然，在改造自然的同时又保护自然，人与自然之间保持着和谐统一的关系"。这种理解主要是从生态学及生态哲学的视角来定义生态文明的。[①]

总体来讲，生态文明，就是一种以追求人类与环境和谐统一、协调发展的新型文明。生态文明既不同于以牺牲环境谋求发展的工业文明，也不同于以牺牲人的发展来维持人与自然和谐的早期文明，它追求的是人与自然的互惠共生、同步发展的自觉和谐。从人与自然和谐的角度，本文引用党的十八大成果，对生态文明的定义是：生态文明是人类为保护和建设美好生态环境而取得的物质成果、精神成果和制度成果的总和，是贯穿于经济建设、政治建设、文化建设、社会建设全过程和各方面的系统工程，反映了一个社会的文明进步状态。

二、生态文明的内涵

关于生态文明的内涵，可以从自然观、价值观、发展观、消费观四个方面来

[①]田军，倪钢. 生态文明概念的解释与分析 [J]. 湖北三峡职业技术学院学报，2009（2）：33-35.

理解。

一是生态自然观。西方学者以环境伦理学的形式展开对人和自然关系的思考，提倡自然权利论和内在价值论，即所谓的生态自然观。其主张把人的角色从大地共同体的征服者变成共同体的普通成员与公民，强调生态系统是一个由相互依赖的各部分组成的共同体，人则是这个共同体的平等一员和公民，人类和大自然其他构成者在生态上是平等的；人类不仅要尊重生命共同体中的其他伙伴，而且要尊重共同体本身；任何一种行为，只有当它有助于保护生命共同体的和谐稳定和美丽时，才是正确的；人和自然之间要协调发展，共同进化。生态文明自然观要求人类不应把自然放在自身利益的对立面，而应在与自然和谐相处的基础上利用与改造自然，从而达到人与自然的可持续发展。

二是生态价值观。"生态价值"主要包括三个方面的含义。第一，地球上任何生物个体，在生存竞争中都不仅实现着自身的生存利益，而且也创造着其他物种和生命个体的生存条件，在这个意义上说，任何一个生物物种和个体，对其他物种和个体的生存都具有积极的意义（价值）。第二，地球上的任何一个物种及其个体的存在，对于地球整个生态系统的稳定和平衡都发挥着作用，这是生态价值的另一种体现。第三，自然界系统整体的稳定平衡是人类存在（生存）的必要条件，因而对人类的生存具有"环境价值"。必须把人类对自然的开发和消费限制在自然生态系统的稳定、平衡所能容忍的限度以内。要做到这一点，就必须减少人类对自然的消费，以维护自然生态系统自我修复能力。关于这一点，十八大报告中明确指出："坚持节约资源和保护环境的基本国策，坚持节约优先、保护优先、自然恢复为主的方针。"为的是"给自然留下更多修复空间"，以推进绿色发展、循环发展、低碳发展。

三是生态发展观。从发展观上看，生态文明发展观要求发展的强度必须以资源环境承载力为基础。资源环境承载力决定了发展的模式、规模及速度。只有把发展强度控制在资源环境承载力之内才能实现可持续发展。生态文明的发展观要求产业布局必须以区域生态功能为依据，科学划分重点开发、优化开发、限制开发和禁止开发区域。生态文明发展观要求开发、改造、利用自然，必须以自然规律为准则，向自然界排放污染物必须以环境自净力为限度，建设资源节约型、环境友好型社会，必须以可持续的经济、社会、政治、文化的政策为手段。在生产方式方面，生态文明强调自然生态系统可持续发展前提下的生产观。人类的生产劳动要节约和综合利用自然资源，物质产品生产从原料开采、制造、使用至废弃的整个生命周期中都要注重降低消耗和再生循环利用。生态文明强调经济社会与环境的协调发展而不是单纯的经济总量增长，传统GDP（国内生产总值）不再是衡量社会全面进步的标志。

四是生态消费观。生态消费观对生态文明建设具有价值引领作用。生态消费观是以保护环境，促进身心和谐发展为目的，强调满足人类自身需要又不损坏自然的消费观。倡导提高生活的质量而不是简单的物质上的满足，反对过度消费浪费自然资源。强调以实用节约为原则，在不影响人自身生存的前提下，注重生活方式的实用性。以适度消费为特征，追求基本的生活需要，通过改变人类自身生活方式，减少对自然不合理的需求，以此实现人与自然、人与人、人与社会的和谐相处。①

第二节　生态文明的理论基础

生态文明建设的理论基础来源于中华传统文化生态观和马克思主义生态观。

一、中华传统文化生态观

中华文明是世界四大古文明之一，中华文化博大精深。其中就有不少关于人

---

① 万本太. 以生态保护工作的实际行动积极推动生态文明建设[J]. 环境教育，2008(1)：27-28.

与自然和谐相处的思想。如，中华传统文化主张"天人合一""天地与我并生、万物与我为一"等，虽然这些思想有它的历史局限性，但这种朴素的辩证法却闪耀出了人与自然和谐相处的生态观。对如何保护自然，如何认识和处理人与自然的关系，以儒家、道家为代表的各派学说几乎均有阐述。

1. "天人合一"，人与自然和谐共处

中国古代思想家对于人与自然的关系的思考在先秦就有了较为成熟的观点，即：人是自然的一部分，人与自然是一个密不可分的有机整体。中国古代思想家庄子曾指出"天地与我并生，而万物与我为一"，"天"虽然至高无上，但是与人同一，"天"中有人的影子，人则是"天"的代表。北宋思想家、理学创始人之一张载在《正蒙·乾称》中提到了"儒者则因明至诚，因诚至明，故天人合一"，提出"天人合一"的观点。北宋五子之一的程颢也说"仁者以天地万物为一体，莫非己也"，他把人与天地万物视为一体。明代王阳明提出："盖天地万物与人原是一体，其发窍之最精处是人心一点灵明。"意思是说，人和人类社会都是自然的产物，是大自然的一部分。①

儒家代表孔子在《尚书》中指出"惟天地，万物父母；惟人，万物之灵"。孟子倡导"仁民爱物"，荀子倡导"不与天争职"。《礼记·中庸》主张"致中和，天地位焉，万物育焉"。《周易·序卦》中有"有天地然后有万物，有万物然后有男女……"的说法。《荀子·论礼》中说"天地合而万物生，阴阳接而变化起"。这些观念阐明了天人协调、敬重自然，人与自然和谐并重的理念。

可以说，强调人与社会、人与自然的和谐相济，在与自然的诸多关系中，"天人合一"是一种理想的境界。

2. "道法自然"与尊重自然规律

道家代表人物老子在《道德经》中说："人法地，地法天，天法道，道法自然。"《庄子·天运》中记载："自乐者，先应之以人事，顺之以天理，行之

①吴素萍. 中国传统生态思想的当代思考 [J]. 宁波教育学院学报，2015，17（6）：66-69.

以五德，应之以自然，然后调理四时，太和万物，四时迭起，万物循生。"在道家看来，道是万物的本源和基础。"以道观之，物无贵贱"，人与自然万物是平等的，人与万物同类，人要依循"道"的自然本性。天道即人道，顺应自然规律即是顺应天道。《周易·乾卦》中说："夫大人者，与天地合其德，与日月合其明，与四时合其序，与鬼神合其吉凶。先天而天弗违，后天而奉天时。"可以看出，儒家与道家一样，认为人是自然的一部分，人与万物同类，所以人对自然应采取顺从、友善的态度，人应使自身的活动合乎自然规律。

3. "仁民爱物"与可持续发展思想

中国传统文化一方面主张"天人合一"，认为人与自然和谐相处，相生相克，另一方面又强调不能把人完全等同于一般自然物。认为人虽为万物之一，但却对万物施以道德关怀，人是万物之灵，应以自己的仁爱之心善待世间万物。孟子把"仁"引入物我关系就是很好的例子。孟子曰："君子之于物也，爱之而弗仁；于民也，仁之而弗亲。亲亲而仁民，仁民而爱物。"（《孟子·尽心上》）。孟子认为，在物我关系上，人是主导者，物为人所用。孟子提出要"爱物"，旨在将人类道德规范和情感引入到自然领域，强调在利用自然资源的同时要懂得爱护自然、保护自然。这种生态伦理要求是我国传统文化在人与自然的关系方面提出的一个基本要求。要求我们在利用自然时，对自然资源必须取之有度、用之有节。《荀子·王制》中说："圣王之制也，草木荣华滋硕之时，则斧斤不入山林，不夭其生，不绝其长也；鼋鼍、鱼鳖、鳅鳣孕别之时，罔罟、毒药不入泽，不夭其生，不绝其长也；春耕、夏耘、秋收、冬藏，四者不失时，故五谷不绝而百姓有余食也。污池、渊沼、川泽谨其时禁，故鱼鳖优多而百姓有余用也；斩伐养长不失其时，故山林不童而百姓有余材也。"荀子尊重生态环境和自然规律，重视自然资源的可持续利用。从以上可以看出，中华传统文化提倡因时有度利用自然资源。[①]

---

① 袁美华. 简论我国生态文明建设的理论基础 [J]. 西部教育研究，2013（3）：37-40.

中华传统文化中生态伦理思想虽然有其局限性，但是构成中华传统文化主干的儒释道等思想流派，都是以"天人合一""道法自然""众生平等"等生态价值观彰显着自己的伦理学取向，在理论和实践中崇尚人与自然和谐相处，这些观点与当代生态伦理学尊重自然、秉持敬畏生命和追求人与自然协同并进为终极目标的时代潮流是一致的。

二、马克思主义生态观

马克思主义理论坚持辩证唯物主义和历史唯物主义，辩证和历史地看待人与自然、人与社会的关系，认为人类精神生产离不开物质生产和经济发展，表明人的主体活动对社会与自然界的作用和影响，尤其是在人与自然之间的关系上，形成了比较具体的关于人与自然和谐相处的生态观，构成了马克思主义理论的一个重要组成部分。

第一，对于自然界本质的理解。马克思主义自然观从人的实践活动去理解自然，自然包括了人化自然和自在自然，都具有客观实在性，并且服从自然必然性。人化自然是人按照自己的意志、需要、认识和改造过的自然；自在自然与人化自然相互依赖、相互转化、相互作用。

第二，人与自然是一个统一体。人是自然界的产物，人类是自然界的一部分；自然是人类生存和发展的前提条件。人与自然是相互联系、相互依存的关系。马克思在《1844年经济学哲学手稿》中指出，"那种抽象的、孤立的与人分离的自然界，对人来说也是'无'""人直接地是自然存在物""人是自然的一部分"。在马克思看来，把人与自身之外的自然连接起来的活动就是生产劳动，劳动改造了世界，使它变成了"人化的自然"。由此，马克思甚至把自然比作"人的无机的身体"，强调人与自然的不可分割的联系。马克思主张人与自然在双向相互作用中达到辩证的统一。恩格斯在《自然辩证法》中提出："我们所面对着的整个自然界形成一个体系，即各种物体相互联系的总体。"恩格斯认为，宇宙岛（银河系、河外星系）、太阳系（恒星系）、地球、地球上的生命和人类都是无限发展的自然界在一定阶段的产物，任何具体事物都有生有灭，整个宇宙是有机统一的整体，并处在永恒循环的物质运动中。马克思和恩格斯的上述论述集中地说明了人与自然的依存关系[①]。在马克思和恩格斯看来，资本主义社会不是，也很难成为一个人与自然和谐统一的社会，更不可能是一个可持续的生态社会。资本主义的工业化和城市化，一方面导致了人口集中、大工业生产等现代社会进步，另一方面又破坏了传统农业社会分散均衡居住的人口规模与土地之间的平衡循环关系，取自土地的人的产出（比如垃圾、粪便）不能回到土地，打乱了土地肥力的可持续状态，并使工人、农民原本与自然平衡的身体状态和精神状态也被打破，比如城市病、孤独症、农村的社区生活消失等。资本主义农业的进步，比如大规模种植、化肥的使用，都在破坏着土地肥力。马克思还特别以美国发展模式为例进行评论，例如："一个国家，例如北美合众国，越是以大工业作为自己发展的基础，这个破坏过程就越迅速。因此，资本主义生产发展了社会生产过程的技术和结合，只是由于它同时破坏了一切财富的源泉——土地和工人。"[②]

第三，人类活动必须遵循自然规律。马克思告诫人们："不以伟大的自然规律为依据的人类计划，只会带来灾难。"恩格斯也对人类发出了警告："我们不要过分陶醉于我们对自然界的胜利，对于每一次这样的胜利，自然界都报复了我们。""因此我们必须时时记住统治自然界，绝不能像征服者统治他所征服的异族一样无所顾忌；相反地，我们以及我们的头脑、肉和血都属于自然界，存在于自然界；我们之所以能统治自然界，是因为我们比其他动物强，能够主动认识和正确运用自然规律。"人与自然的相互关系中人是主体，人与自然之间的关系是主动与被动的关系，爱护自然、珍惜自然是人类应尽的责任和义务。因此，人类必须在尊重自然规律的前提下改造自然，发挥人的主观能动性的同时不能无条件、肆意地去征服和改造自然。

[①]李春秋，王彩霞. 论生态文明建设的理论基础［J］. 南京林业大学学报（人文社会科学版），
　2008，8（3）：7-12.
[②]潘岳. 马克思主义生态观与生态文明［N］. 学习时报，2015-07-14.

马克思和恩格斯以整体论的思维方式观察和审视世界，马克思主义辩证唯物主义认为人与自然的关系是辩证统一的，人类如果违反自然规律办事，必将受到自然的惩罚。马克思历史唯物主义认为，社会存在决定社会意识，人与自然的存在同属于社会存在，人是自然界里面的很小一部分，人依存于自然生活并且不能脱离自然。人的精神生产离不开物质生产和自然环境。因此，关于现实社会的探究，既要从人主体的视角，又要兼顾周围自然环境的角度，强调人与自然的和谐统一，以"人与自然界和谐相处"作为马克思主义生态哲学的理论基础和现实指导。[①]

第三节　生态文明建设提出的时代背景

一、加强生态文明建设已成为世界共识

人类文明经历了原始文明、农业文明、工业文明三个阶段。原始文明处在石器时代，人们依靠集体的力量生存，物质生产活动主要是简单的采集渔猎。农业文明，铁器的出现让人们改变自然的能力产生质的飞跃。最后是工业文明，18世纪源于英国的工业革命开启了人类现代化的生活，这一时期历经300年，300年的工业文明以人类征服自然为主要特征，世界工业化的发展使征服自然的文化达到极致。伴随着经济的飞速发展，我们的生态环境遭到了极大的破坏。

1962年，美国生物学家雷切尔·卡逊出版了《寂静的春天》一书，深刻揭示出资本主义工业繁荣背后人与自然的冲突，对传统的"向自然宣战"和"征服自然"等理念提出了挑战，敲响了工业社会环境危机的警钟，拉开了人类走向生态文明的帷幕。1972年，罗马俱乐部发布《增长的极限》，引起了各界的强烈反响，报告指出地球的支撑力将会达到极限。同年召开的联合国人类环境会议通过

①袁美华.简论我国生态文明建设的理论基础［J］.西部教育研究，2013，13（3）：37-40.

了《人类环境宣言》，呼吁必须更加审慎地考虑行动对环境产生的后果。1987年，联合国世界环境与发展委员会在《我们共同的未来》中系统探讨了人类面临的一系列重大经济、社会和环境问题，提出了"可持续发展"概念，标志着人类对环境与发展问题思考的重要飞跃。1992年召开的联合国环境与发展大会上发布了《里约环境与发展宣言》，提出了可持续发展27项基本原则，《21世纪议程》建立了人类活动减少环境影响的各方面行动计划，形成了可持续发展的全球共识。2012年，联合国可持续发展委员会在《我们憧憬的未来》中明确提出要在可持续发展和消除贫困背景下发展绿色经济，强调持续的资金、技术和能力建设，发展绿色经济逐渐成为世界各国应对挑战的选择与共识。[①]

可以说，20世纪六七十年代严重的环境危机使生态环境的重要性逐渐为各国政府、学者、民众所认识，世界范围内人们对发展观进行了新的思考和探索。当今世界已经开始迈向生态文明时代。全世界联合起来拯救地球成为共识。生态文明、生态保护、低碳生活成为全球性话语。

二、中国共产党生态文明思想的演进

中国共产党领导人历来重视生态环境的保护。如毛泽东在20世纪70年代鉴于人口与资源环境的矛盾推动确立了"有计划地控制人口增长"的计划生育国策。毛泽东也很重视兴修水利，曾先后发出"要把黄河的事情办好""一定要根治海河""一定要把淮河修好"等重要指示。此外，在保护环境、植树造林、保持水土等方面，中共第一代中央领导集体也做了不少卓有成效的工作。改革开放的总设计师邓小平亦很关注人口增长与资源环境是否协调，他曾提出："人口增长要控制……应该立些法，限制人口增长。"[②]邓小平还指出："要使中国实现四个现代化，至少有两个特点要看到：一是底子薄；二是人口多，耕地少。"他认为，中国

---

①杜祥琬，温宗国，王宁，等. 生态文明建设的时代背景与重大意义［J］. 中国工程科学，2015，17（8）：8-15.
②巴志鹏. 中国共产党生态文明建设思想探源［J］. 甘肃社会科学，2013（5）：153-155.

在资源问题上有两个独特矛盾：一是就资源总量而言，是一个资源大国，但就人均资源量而言，又是一个资源小国；二是就资源储量的潜在远景来说，资源非常丰富，而就开发的状况来看，又不容乐观。此外，邓小平十分重视生态环境保护，是我国全民义务植树的倡导者，并带头参加义务植树活动。20世纪80年代，邓小平为国家实施的"三北"防护林工程题词："绿色长城。"为全军植树造林总结经验表彰大会题词："植树造林，绿化祖国，造福后代。"党和国家的其他领导人也对这一阶段的生态建设做出了重要论述。万里曾指出："一定要富有远见，把经济建设同改善环境结合起来。"陈云也提出："治理污染，保护环境，是我国一项大的国策，要当作一件非常重要的事情来抓。"1996年，江泽民在第四次全国环境保护会议上的讲话指出："控制人口增长，保护生态环境，是全党全国人民必须长期坚持的基本国策。"1998年，胡锦涛在出访韩国期间发言："中国政府高度重视环境保护问题，已经把保护和治理环境，实施可持续发展战略作为我们的一项基本国策。"党和国家领导人的这些讲话，为我国生态文明思想的发展奠定了基础。[①]

三、新时期中国的国情是生态文明建设的现实基础

从资源来讲，我国并不是一个地大物博的国家。65%的国土面积是山地或丘陵，70%的国土面积每年受季风的影响，33%的国土面积是干旱或荒漠地区。55%的国土面积不适宜人类生产或生活。资源相对紧缺，耕地、淡水、能源、铁矿等主要资源的人均占有量不足世界平均水平的1/4 ~ 1/2。一方面是资源短缺，另一方面却是有限的资源存在浪费的现象。

与此同时，环境质量不容乐观：土地沙化、草原退化、河流的水功能严重失调、特大洪涝灾害频繁；土壤污染、危险废物、空气污染、持久性有机污染物等污染持续增加。我国已进入污染事故多发期和矛盾凸显期，资源浪费和短缺、环

②熊辉，任俊宏. 改革开放以来中国共产党生态文明思想的演进［J］. 新视野，2013（5）：113-116.

境破坏已经成为制约经济社会可持续发展的瓶颈。[①]

在过去数百年间，西方发达国家走的是先浪费后节约、先污染后治理的现代化道路。但是我们不能再走那样的弯路。并不是说中国没有这个权利，而是这条路是一条死路。当今的工业化国家，人口仅占世界的15%，而工业化进程中却消耗了世界60%的能源和40%的矿产资源。我们人口约占世界的22%，如果走西方的工业化道路，根本不可能找到足够的资源。专家测算表明，如果中国也像美国当时那样实现工业化，那么三个地球的资源也不够用。中国人均石油消费量如果达到美国现有水平，即使把目前可开采的全部后备石油采出来，也只够用1年3个月。

生态文明建设是中国特色社会主义事业的重要内容，关系人民福祉，关乎民族未来，事关"两个一百年"奋斗目标和中华民族伟大复兴中国梦的实现。进入新的世纪，党中央、国务院更加高度重视生态文明建设，先后出台了一系列重大决策部署，推动生态文明建设取得了重大进展和积极成效。

党的十六大报告将"生态良好""生产发展""生活富裕"并列为文明发展道路的三大特征。中共十六届三中全会强调统筹人与自然和谐发展。2005年3月12日，时任中共中央总书记胡锦涛在中央人口资源环境工作座谈会上讲话使用了"生态文明"一词。他强调："要切实加强生态保护和建设工作。完善促进生态建设的法律和政策体系，制定全国生态保护规划，在全社会大力进行生态文明教育。"

党的十七大将建设生态文明作为实现全面建设小康社会奋斗目标的新要求之一，把建设生态文明作为我国的基本国策，并提出了生态文明建设的战略目标及实施途径。在落实科学发展观的大前提下，坚持走生产发展、生活富裕、生态良好的文明发展道路，建设资源节约型、环境友好型社会，实现速度和结构质量效益相统一、经济发展与人口资源相协调，使人民在良好生态环境中生产生活，实现经济社会永续发展。

---

①徐晓霞，郑红莉. 生态文明建设提出的时代背景及其重要意义［J］. 经济研究导刊，2013（11）：267-268.

2012年11月，党的十八大从新的历史起点出发，做出"大力推进生态文明建设"的战略决策，从10个方面绘出生态文明建设的宏伟蓝图。十八大报告在论述生态文明建设时指出："面对资源约束趋紧、环境污染严重、生态系统退化的严峻形势，必须树立尊重自然、顺应自然、保护自然的生态文明理念，把生态文明建设放在突出地位，融入经济建设、政治建设、文化建设、社会建设各方面和全过程。"报告不仅在第一、第二、第三部分分别论述了生态文明建设的重大成就、重要地位、重要目标，还在第八部分全面深刻论述了生态文明建设的各方面内容，从而完整描绘了今后相当长一段时期我国生态文明建设的宏伟蓝图。我们要深入学习领会、认真贯彻落实，为实现社会主义现代化和中华民族伟大复兴而努力奋斗。

2015年5月5日，《中共中央国务院关于加快推进生态文明建设的意见》（以下简称《意见》）发布。《意见》既有顶层设计，又有具体任务部署，是今后一个时期指导我国生态文明建设的纲领性文件。

2015年9月11日，中央政治局会议审议通过《生态文明体制改革总体方案》，从推进生态文明体制改革要树立和落实的正确理念到要坚持的"六个方面"，全面部署生态文明体制改革工作，细化搭建制度框架的顶层设计，进一步明确了改革的任务书、路线图，为加快推进生态文明体制改革提供了重要遵循和行动指南。

2015年10月，随着十八届五中全会的召开，增强生态文明建设首度被写入国家五年规划。

2017年，党的十九大报告明确提出，必须树立和践行绿水青山就是金山银山的理念，坚持节约资源和保护环境的基本国策，像对待生命一样对待生态环境，统筹山水林田湖草系统治理，实行最严格的生态环境保护制度，形成绿色发展方式和生活方式，坚定走生产发展、生活富裕、生态良好的文明发展道路，建设美丽中国，为人民创造良好生产生活环境，为全球生态安全作出贡献。

第四节　我国生态文明建设的重大意义与战略任务

一、生态文明建设的重大意义

生态文明建设是中国特色社会主义道路的理论创新，把生态文明建设放在突出地位，对我国全面建成小康社会和建设美丽中国具有重要的战略意义。

第一，是健全我国社会主义文明体系的内在要求。生态文明指的是人类在处理与自然关系时所达到的文明程度。生态文明是社会主义文明体系不可或缺的组成部分，是与物质文明、精神文明以及政治文明相并列的人类文明形式之一。

第二，是建设美丽中国的必然要求。十九大报告提出加快生态文明体制改革，建设美丽新中国。面对我国环境污染问题仍然严峻的现实，只有以生态文明建设为抓手，转变发展方式，推动生态环境由"先污染后治理""先破坏后修复"向保护优先、自然恢复为主转变，才能建成美丽中国。

第三，有利于促进发展方式的转型。目前，我国的生产方式仍处于粗放发展状态。生活方式在消费主义价值观的驱动之下，高消费、过度消费、一次性消费等成为了我国很多人追求的生活方式。建设生态文明，需从改变全社会的生产方式、消费方式等方面入手，树立生态文明、绿色可持续的生产和消费理念。生态文明建设要求促进产业结构转型，大力发展循环经济、绿色经济、低碳经济，大力发展节能环保、新能源、新能源汽车等战略性新兴产业，不仅可以促进节能减排，而且能够提高竞争力。生态文明要求更新消费观念，优化消费结构，合理引导消费方式，鼓励消费生态产品、绿色产品，逐步形成健康文明、节约资源的消费方式。

第四，是履行大国应尽的责任。当前，气候变化、能源安全日益成为人类社会的共同挑战，绿色循环低碳发展成为全球共识和国际潮流。我国温室气体排放总量全球最高且快速增长，人均排放量超过世界平均水平，在气候变化国际谈判中日益成为关注的焦点。只有推进生态文明建设，主动走绿色发展道路，才能有效控制温室气体排放过快增长的势头，提升我国产业产品在国际上的竞争力，并为应对全球气候变化做出积极贡献。①

二、生态文明建设的新要求

生态文明建设要求体现以下新的发展要求。

第一，坚持生态经济优先发展原则。生态经济优先发展的战略方针就是要把生态建设放在优先发展的战略地位。该方针立足于两个基本点：一是必须坚持在不危及后代人需要的前提下，解决当代人发展与后代人发展的协调关系；二是必须坚持在保护生态环境承受能力可以支撑的前提下，解决当代经济社会发展与生态环境状况的协调发展。生态经济优先发展原则为在我国经济社会发展中确立"生态立国"的基本国策提供了决策依据，也为确立生态环境优先发展的战略地位提供了决策依据。

第二，坚持经济生态化发展原则。随着工业化、城镇化的不断推进，人类经济社会活动对自然生态环境的负面影响日益凸显，尊重自然规律、在人类利用自然资源的过程中充分遵循生态学原理的呼声不断高涨，不断要求把生态理念融入到社会生产过程中去，实现经济运行与发展的全面生态化。这里的"生态化"不是生态学意义上纯自然的生态，是指一种趋势和方向，是指自然、经济、社会和人类之间平衡相依、协调发展的状态和过程，这一过程具有运动和变化的特点。生态化的核心是生态学原理的应用，生态化的最终目的是实现人与人、人与自然以及自然生态系统之间的和谐共生。

第三，坚持以人为本和以生态为本同时并举的原则。以人为本的发展核心是着眼于每个人的全面发展程度的提高，进而实现人类社会的全面进步和发展。科学发展观的核心是以人为本，最终实现人与人之间和谐、人与自然之间

①杜祥琬，温宗国，王宁，等. 生态文明建设的时代背景与重大意义［J］. 中国工程科学，2015，17（8）：8-15.

和谐。科学发展观要求以人为本的发展理念，同时也彰显着以生态为本的发展理念。[①]

三、生态文明建设的战略任务

关于我国生态文明建设的战略任务，十九大报告提出了四大战略任务。

一是推进绿色发展。加快建立绿色生产和消费的法律制度和政策导向，建立健全绿色低碳循环发展的经济体系。构建市场导向的绿色技术创新体系，发展绿色金融，壮大节能环保产业、清洁生产产业、清洁能源产业。推进能源生产和消费革命，构建清洁低碳、安全高效的能源体系。推进资源全面节约和循环利用，实施国家节水行动，降低能耗、物耗，实现生产系统和生活系统循环链接。倡导简约适度、绿色低碳的生活方式，反对奢侈浪费和不合理消费，开展创建节约型机关、绿色家庭、绿色学校、绿色社区和绿色出行等行动。

二是着力解决突出环境问题。坚持全民共治、源头防治，持续实施大气污染防治行动，打赢蓝天保卫战。加快水污染防治，实施流域环境和近岸海域综合治理。强化土壤污染管控和修复，加强农业面源污染防治，开展农村人居环境整治行动。加强固体废弃物和垃圾处置。提高污染排放标准，强化排污者责任，健全环保信用评价、信息强制性披露、严惩重罚等制度。构建政府为主导、企业为主体、社会组织和公众共同参与的环境治理体系。积极参与全球环境治理，落实减排承诺。

三是加大生态系统保护力度。实施重要生态系统保护和修复重大工程，优化生态安全屏障体系，构建生态廊道和生物多样性保护网络，提升生态系统质量和稳定性。完成生态保护红线、永久基本农田、城镇开发边界三条控制线划定工作。开展国土绿化行动，推进荒漠化、石漠化、水土流失综合治理，强化湿地保护和恢复，加强地质灾害防治。完善天然林保护制度，扩大退耕还林还草。严格

---

①高红贵. 关于生态文明建设的几点思考［J］. 中国地质大学学报（社会科学版），2013，13（5）：42-48.

保护耕地，扩大轮作休耕试点，健全耕地草原森林河流湖泊休养生息制度，建立市场化、多元化生态补偿机制。

四是改革生态环境监管体制。加强对生态文明建设的总体设计和组织领导，设立国有自然资源资产管理和自然生态监管机构，完善生态环境管理制度，统一行使全民所有自然资源资产所有者职责，统一行使所有国土空间用途管制和生态保护修复职责，统一行使监管城乡各类污染排放和行政执法职责。构建国土空间开发保护制度，完善主体功能区配套政策，建立以国家公园为主体的自然保护地体系。坚决制止和惩处破坏生态环境行为。

总体来讲，中国特色生态文明建设的根本目的和最终归宿是为人民创造良好生产生活环境。要把坚持节约资源和保护环境作为生态文明建设的基础工程，要把着力推进绿色发展、循环发展、低碳发展作为生态文明建设的最重要的战略任务。习近平同志关于生态文明建设的一系列论述，是党的根本宗旨和群众路线在生态文明建设中的集中体现，是我们党坚持立党为公、执政为民理念的集中体现，进一步深化了我们对生态文明建设目的的认识。我们必须始终把"为人民创造良好生产生活环境"作为推进生态文明建设的出发点和落脚点，把生态文明建设取得的成果体现在为人民创造良好生产生活环境上。十九大报告也强调："我们要牢固树立社会主义生态文明观，推动形成人与自然和谐发展现代化建设新格局，为保护生态环境作出我们这代人的努力！"

第五节　长江经济带生态文明的建设基础

长江经济带涉及上海、江苏、浙江、安徽、江西、湖北、湖南、四川、重庆、贵州、云南九省二市，面积约205万平方千米，人口和生产总值均超过全国的40%，同时长江经济带是我国的生态廊道，战略地位和生态地位都非常重要。

长江经济带在全国地位重要，特别是在生态领域。在《国务院关于依托黄金水道推动长江经济带发展的指导意见》（国发〔2014〕39号）中提出长江经济带的四大发展战略定位，其中之一就是要将长江经济带建成生态文明建设的先行示范带，要统筹江河湖泊丰富多样的生态要素，推进长江经济带生态文明建设，构建以长江干支流为经脉、以山水林田湖为有机整体，江湖关系和谐、流域水质优良、生态流量充足、水土保持有效、生物种类多样的生态安全格局，使长江经济带成为水清地绿天蓝的生态廊道。

一、长江经济带发展中生态环境地位非常重要

第一，拥有丰富的生态资源。长江经济带作为一个充满生命力和活力的经济体，最根本的是水和生态，充足的环境容量是长江经济带实现可持续发展的载体和基础。

长江流域水资源丰富、水质较好。据统计长江流域内共有3600多条通航河流，全国70%的内河通航里程为长江所占据，各项运网密度指标均高于全国平均水平，同时综合密度和经济相关密度是全国平均水平的两倍以上。长江流域水质一直较好，为沿途工农业生产和人民的生活提供较为良好的水源。长江流域及西南诸河水资源报告2016年数据显示，2016年长江河流水质状况较好，Ⅰ～Ⅲ类水河长占总评价河长的82.6%，劣于Ⅲ类水河长占总评价河长的17.4%。164个省界断面中，全年水质为Ⅰ～Ⅲ类的断面占评价断面总数的89.6%。61个湖泊和352座水库中，全年水质为Ⅰ～Ⅲ类的湖泊和水库分别占16.4%和80.4%；71.6%的湖泊和23.9%的水库呈现中、轻度富营养状态。在纳入国务院批准的《全国重要江河湖泊水功能区划（2011—2030年）》的1195个重要水功能区中，按全指标评价个数达标率为73.8%，双指标（高锰酸盐指数和氨氮）评价个数达标率为91.2%。在481个评价水源地中，全年水质均合格的水源地占70.3%；水质合格率达到80%以上的水源地占89.0%。

长江流域自然资源丰富。良好水质也为长江流域的水生生物生长繁殖提供了

比较理想的环境，如流域内渔业资源丰富，淡水渔业产量约占全国60%；湿地面积1154万公顷，超过全国湿地总面积的1/5；分布着多种珍稀野生动植物，是全球生物多样性保护的热点地区。长江流域是我国重要的矿产资源地，黑色金属、有色金属、贵金属、非金属及能源矿产丰富，储量大，部分矿种达中国乃至世界之最。流域内的云南、贵州、四川、湖北、湖南、安徽等省均为我国的矿产资源大省，矿产资源及其相关产业成为这些地区的重要支柱产业。

第二，是全国重要的生态文明建设先行示范区所在区域。2014年8月12日，国家发改委等六部委联合印发《关于开展生态文明先行示范区建设（第一批）的通知》明确57个地区纳入第一批生态文明先行示范区，其中江西、青海、云南、贵州全境纳入第一批生态文明先行示范区，均处于长江流域；同时，多省编制了生态省建设规划，如湖北编制了《湖北生态省建设规划纲要》；湖南和湖北还是全国两型社会综合配套改革试验区；等等。这些地区的生态文明先行示范建设将有力地支持长江经济带的可持续发展。

第三，国家非常重视长江经济带的生态安全。2016年1月5日，中共中央总书记、国家主席、中央军委主席习近平在重庆召开推动长江经济带发展座谈会，并发表了重要讲话强调长江经济带生态文明建设地位。他强调，要把实施重大生态修复工程作为推动长江经济带发展项目的优先选项，实施好长江防护林体系建设、水土流失及岩溶地区石漠化治理、退耕还林还草、水土保持、河湖和湿地生态保护修复等工程，增强水源涵养、水土保持等生态功能，等等。中共中央政治局常委、国务院副总理、推动长江经济带发展领导小组组长张高丽在讲话中表示，2016年是长江经济带发展全面推进之年，要深入学习贯彻习近平总书记系列重要讲话精神，贯彻落实创新、协调、绿色、开放、共享的发展理念，推动长江经济带发展取得更大成效。要把改善长江流域生态环境作为最紧迫而重大的任务，加强流域生态系统修复和环境综合治理，大力构建绿色生态廊道。2016年4月，中共中央政治局召开会议审议通过了《长江经济带发展规划纲要》（以下简称《纲要》），将生态环境保护居于压倒性的战略地位，《纲要》通篇贯穿了五大发展理念，体现了生态优先、绿色发展、共抓大保护、不搞大开发的战略定位，具有很强的思想性、战略性、前瞻性和指导性。2018年4月26日，习近平总书记在武汉主持召开深入推动长江经济带发展座谈会，他强调，推动长江经济带发展是党中央作出的重大决策，是关系国家发展全局的重大战略。新形势下推动长江经济带发展，关键是要正确把握整体推进和重点突破、生态环境保护和经济发展、总体谋划和久久为功、破除旧动能和培育新动能、自我发展和协同发展的关系，坚持新发展理念，坚持稳中求进工作总基调，坚持共抓大保护、不搞大开发，加强改革创新、战略统筹、规划引导，以长江经济带发展推动经济高质量发展。

二、长江经济带生态环境问题及治理难点

第一，长江生态问题日益严峻。虽然物产丰富，但是处在经济社会快速发展时期的长江流域，水资源及生态环境保护面临极大的压力。例如，目前，随着流域内人口增加、工农业迅速发展，出现了一系列问题：森林覆盖率下降、泥沙含量增加、水质恶化、珍稀水生生物日益减少、湿地面积缩减等。据相关资料显示，长江的白鳍豚、白鲟多年不见踪迹，长江江豚仅余千头。长江岸线资源配置不合理，缺乏高效利用。一些地方岸线开发以工业和港口等生产性占用为主，城市、居住休闲和旅游景观等生活性岸线占用较少。一些企业专用码头和地方一般性码头占用了部分深水岸线，致使深水区未能发挥出深水潜力，浪费了好的岸线资源。根据环境保护部的调查结果，长江沿岸聚集了40多万家化工企业，沿江而下的分布基本是围绕钢铁炼油、石化等产业展开。可以想象，当前，长江经济带已呈现"化工围江"的局面。以江苏为例，据报道，长江江苏段水质降为Ⅲ类水，全省沿江8市污水排放量约占江苏全省排放量的80%，沿江的103条支流存在近130个排污口。再看湖北省，在长江支流汉江流域上，伴随着对砂土需求的激增，非法、无序采沙不断增加，并呈蔓延之势，加之部分地方管理责任落实不严格，监管打击力度不够，致使目前汉江河道非法采砂现象日趋严重。湖北长江流域的生物多样性资源的衰减，比较明显的有白鳍豚的逐渐消失，中华鲟、江豚、

胭脂鱼、鲥鱼、鳗鲡等稀贵种类也已经非常罕见；长江四大家鱼天然产卵已经不足20世纪80年代的1/3。

第二，生态保护观念不强。发展不够仍然是摆在长江经济带各省市，尤其是中、西部地区最大的实际，因此，片面追求经济发展的速度，引大资金、上大项目、大干快上、来者不拒的现象仍比比皆是。首先，领导干部生态意识有待加强。为了发展经济，改变贫穷落后的面貌，很多地方领导喊出了"招商引资是功臣，破坏招商是罪人""谁耽误地方发展一阵子，就让他难受一辈子"的口号。这些口号极端、鲜明，道出了地方官员发展经济的急迫心情。虽然，近年来，放任生态污染并干预执法的做法有所收敛，但对于很多地方官员来说，重视经济发展、漠视环境污染的治理思路并未改变。其次，企业生态意识有待加强。企业追求的是经济利益最大化，由于没有相对应的激励政策，企业治理污染缺乏主动性，仍然有少数企业环保法制观念不强，重发展、轻环保，致使建设项目违法建设还有发生，存在"先上车，后补票"的现象。再次，公民生态意识问题有待加强。公众既是污染的受害者，也是污染的制造者，推动公众生活方式绿色化尤为重要。由于生态教育起步较晚，很多公民的生态意识不强，生态责任意识欠缺，随意丢垃圾、浪费水资源、追求高档消费、乱砍乱伐森林资源、违法捕获珍稀生物资源等现象依然存在。

第三，跨区域生态环境治理的难点。首先，长江经济带生态治理是跨区域性的治理，目前尚没有对长江流域生态环境保护进行总体安排，地方性法律法规体系有不统一、不完善的地方，"多龙治水"的现象普遍。如不少河道是行政区划的天然界限，河道两侧属于不同城市管理，即使在同一城市，水利、交通、园林、环保等多个部门都负有责任。然而，都负有责任往往意味着都不负责任，让一些部门有了"踢皮球"的空间，阻碍了整个河道的统一规划、统一治理，反倒有越治越污的趋势。环保立法的可操作性不强。环境立法中为数不少的法律被称为"政策法"，存在着大量的指导性、建议性、鼓励性条款，具体执行起来很难落地，需要进一步修订完善，增强其执行力和可操作性。同时，一些新规定、新要求，由于缺乏实施细则，基层容易产生不敢用、不会用、不愿用等情况。其次，区际间也没有建立统一的联防联治的工作机制，存在流域治理各自为战、力量分散、标准不统一等问题，一定程度上也会影响治理效果。目前流域生态补偿大多是区域政府行为，没有实现全流域生态补偿，流域生态补偿机制有待进一步完善。再者，生态治理也不是一朝一夕就能完成的事情，需要投入大量的资金。最后，体制机制有待创新。中共中央政治局近期审议通过的《关于加快推进生态文明建设的意见》提出，"必须把制度建设作为推进生态文明建设的重中之重，着力破解制约生态文明建设的体制机制障碍，深化生态文明体制改革，建立系统完整的制度体系，把生态文明建设纳入法治化、制度化轨道。生态环境保护体制机制仍存在许多不完善的地方，要进一步加强创新力度。比如，生态补偿机制需要进一步完善。目前，全国上下普遍存在生态保护补偿的范围仍然偏小、标准偏低，保护者和受益者良性互动的体制机制尚不完善，一定程度上影响了生态环境保护措施行动的成效。国务院办公厅2016年5月13日发布《关于健全生态保护补偿机制的意见》。该《意见》明确提出要按照"谁受益，谁补偿"的原则，加快形成受益者付费、保护者得到合理补偿的运行机制。环境经济政策没有完全建立。环境污染治理，应该综合利用法律、经济、行政手段推进，尤其是应该利用绿色税收、绿色信贷以及价格激励等经济手段，让真正搞环保的企业在市场竞争中不吃亏、经济上有收益。现行政策中，往往约束的多、激励的少，特别是经济调节手段相对偏弱，社会治污活力没有被完全激发起来。环境监管能力仍薄弱。如，有些地方水质自动监测站仍不能全面满足跨界断面考核工作要求，空气自动站尚未覆盖所有县（市、区），尤其基层环保部门监管力量与工作要求不相适应，等等。可以说，跨区域性现行行政体制的分割性和流域环境整体的不可分割性，以及跨界河流水污染治理的复杂性，决定了各地方政府单方面的努力无法达到流域跨界水污染治理目标。

第二章　长江经济带生态文明建设的国内外借鉴

　　我国有一些生态文明建设的先行试验区（包括"国家生态文明先行示范区""生态省"）等，已经取得了成功经验；国外虽然一般不使用"生态文明"这一词汇，但也有一些国家在生态建设和环境保护方面作出了有益探索。国内外取得的经验，都值得长江经济带在生态文明建设借鉴。

第一节　我国生态文明建设先行区的经验

一、海南省生态文明建设实践

海南省是全国第一个开展生态省建设的省份，经过全省上下15年的共同努力，海南省在环境保护和生态建设、生态产业发展、人居环境改善和生态文化培育等方面取得了显著成效，全省经济发展与环境保护走出了一条双赢之路。

第一，"三不"原则力保碧水蓝天。海南省在生态省建设中不断优化产业布局，引导发展生态产业，坚定走绿色发展之路。按照"不污染环境、不破坏资源、不搞低水平重复建设"的原则，严把环境准入关，初步形成"西部工业区、中东南部热带高效农业区、东南部旅游度假区"的产业布局。海南省充分利用港口、矿产油气资源、环境容量等优势，在西部洋浦、东方、昌江、金牌、老城等5个省级工业园区发展新兴工业和生态工业，引导发展循环经济。海南省积极实施生态文明系列创建工程，建设城乡生态人居环境，经济建设与开发保护找到了结合点。全省文明生态村建设不仅改变了村容村貌，同时大力发展生态经济，农民切实享受到了改革和发展的成果。"十二五"期间，海南全力打造具有海南特色的全国一流的和谐人居环境，并继续以生态文明系列创建为载体，开展生态市（县）、生态乡镇、生态文明乡镇、生态文明社区及文明生态村的创建活动。

第二，特区开发与生态保护实现双赢。一是政府及主管部门在决策规划、产业发展、项目建设等方面都严把环境保护关。"十一五"期间，海南省通过环境影响评价审查，否决或暂缓审批18个与国家和省产业政策及环境功能区划不相符的项目。二是多渠道筹措资金，加快城镇污水处理设施建设。"十一五"时期，全省新增28家污水处理厂，并成为全国第10个实现县县通污水处理厂的省份。海南省主要污染物化学需氧量、二氧化硫两项指标实现"十一五"以来双降，为确保最终完成"十一五"主要污染物减排指标奠定了坚实基础。三是积极探索并有效实施生态补偿政策,加大重要生态区保护力度。通过探索生态环境保护新机制,调动群众护林积极性,使中部生态重要区域得到有效保护。2006—2010年生态转移支付总投入超过2亿元。海南省还启动了关于生态补偿的地方立法程序。"十一五"期间,全省累计投入270多亿元支持生态省建设。在加强退耕还林、水土流失治理、土地荒漠化治理、采空矿区生态恢复、海洋生态保护等方面的工作取得了明显成效。早在2010年年底,海南省森林覆盖率已经达到60.2%。

第三,矿产资源绿色开发。据了解,海南岛独特的地理位置,形成了别具一格、复杂繁多的成矿条件,尤其是孕育了西部岛屿丰富多彩的矿产资源。随着海南矿产资源探明储量不断增加,矿业发展迅猛,但生态环境并没有因此被破坏,矿产开发也成功地从粗放型转变为集约型。特别是"十一五"期间,海南建立采矿后土地复垦和生态恢复保证金制度,新建矿山"三废"实现达标排放甚至接近零排放,走出了矿产开发利用与生态环境保护协调发展的"绿色矿业"之路。海南岛建成东方天然气化肥化工、洋浦油气炼化油品化工电力、老城凝析油精细化工与石英浮法玻璃、昌江铁钴铜炼制与水泥建材等四大绿色矿业集群。如今,海南省积极发展清洁能源,在太阳能、风能、核能、生物质能及特种玻璃、光纤光缆等新能源、新材料产业发展方面取得了显著成绩。

第四,生态文化助推国际旅游岛建设。海南省凭借其生态资源和政策优势,成为远近闻名的国际旅游岛。十余年来,海南相继颁发了《海南生态省建设规划纲要》《海南省万泉河生态环境保护规定》等50多项与生态省建设相关的法规及规章。《海南国际旅游岛建设发展规划纲要》中国际旅游岛建设的六大战略定位之一,就是建设全国生态文明建设示范区。政府机构、社会团体、个人和民间社团组织纷纷主动参与生态文化建设,公众环境保护意识得到提高,生态文明建设在全省上下已取得共识。海南省还定期举办生态省建设暨生态文化论坛,成为国内绿色对话与生态文化交流的重要平台。独具海南特色的文明生态村,已成为展示海南省新农村建设成就的最好窗口,成为海南乃至全国具有高度影响力的生态文化品牌，为探索全国社会主义新农村建设模式做出了突出贡献。

二、福建省生态文明建设实践

2016年8月，中共中央办公厅、国务院办公厅印发《国家生态文明试验区（福建）实施方案》，福建作为首个国家生态文明试验区，将成为国家生态文明体制改革创新试验的综合性平台。近年来，福建省前瞻性地设计并不断完善一系列生态文明建设的体制机制，在完善生态文明制度体系方面探索路径、积累经验。并以此为蓝图，大力推进生态建设，在水、大气、生态环境质量全优的前提下，经济持续保持中高速运行，生动地诠释了既要"生态美"又要"百姓富"的深刻内涵。

第一，做好顶层设计，引领绿色崛起。福建省聚焦生态文明建设的重点难点问题，做好顶层设计，做到了多个率先。如率先在全国成立以省委书记为组长、省长为常务副组长的生态文明建设领导小组；率先在全国建立党政领导生态环境保护目标责任制，将市长环保目标责任书升格为党政领导生态环境保护目标责任书；率先在全省经济运行分析会上把环境保护作为重要内容，统筹经济发展与环境保护，让环保工作不得力的地方"脸红""出汗"。同时，福建省还通过加快修订《福建省环境保护条例》等一批环境保护地方法规和规章，让环境保护更具刚性约束力并且能够有效实施。打破"九龙治水"的制度缺陷。2014年，福建开始实行"河长"制，省内闽江、九龙江、敖江流域分别由一位副省长担任"河长"，推动行政资源的调配整合，使治水的保障力度空前加大。重视问题的源头，以小河水净促大河清。2016年，福建专门出台了《福建省小流域及农村水环境整治计划（2016—2020年）》，推动全省水系治理向纵深、向源头、向治本全面迈进。始终坚持保护优先，将接近48%的国土面积纳入红线范围进行保护；实行环境质量和减排总量双控管理制度，实施比国家更严的大气污染物排放标准和落后产能淘汰标准。

第二，推行机制创新，探索可复制的环保新模式。福建省环保厅以大气、水、土壤污染防治为重点，大力推进环境保护体制机制创新，"堵疏"结合，努力探索符合省情、可复制、可推广的环境保护新模式。在"堵"方面如对各县（市、区）出境断面实施双月考核，考核结果与流域生态补偿资金和省级流域专项资金分配挂钩；定期发布9个设区市空气质量日报与预报，公布23个城市空气质量排名，对空气质量持续下降的城市进行约谈和重点督查，形成倒逼机制；启动了环境保护督察工作，通过奖罚并举，弥补环保短板，倒逼环境质量改善。在"疏"方面，福建省积极借助价格、信贷、补偿、金融等经济杠杆，让企业主动承担环境保护责任，强化生态环保工作。企业排污指标由免费改为有偿使用，治理污染腾出的排污指标可以交易获利。此举大大增强了企业减排治污的内生动力，倒逼企业由"要我减排"为"我要减排"。

严格的举措催生福建良好的生态。2015年，福建省12条主要河流整体水质为优，Ⅰ～Ⅲ类水质比全国平均水平高出近30个百分点。23个城市空气质量均达到或优于国家环境空气质量二级标准，优良天数比例平均为99.5%。森林覆盖率达65.95%，是全国水、大气、生态环境质量全优的省份之一。同时，福建省把"环境质量只能更好，不能变坏"作为各级党委政府环保责任底线，一批群众看得见、摸得着、能受益的治理成果，满足了群众既要温饱也要环保，既要小康也要健康的新期待。如，长汀县从水土流失严重的"火焰山"变为一碧千里的"花果山"，被誉为南方水土流失治理的典范，"长汀经验"在全国推广；泉州市以"赛水质"为推手，用创新的环保举措助力民生改善，不仅赛出了小流域良好的水质，更开启了小流域周边群众的新生活；永泰县坚守无污染企业的底线，当地大樟溪水质达到Ⅱ类标准，成为闽江"北水南调"的水源地，不仅让水可以卖钱，优越的生态也让当地的旅游产业红火起来。

三、深圳生态文明建设实践

在深圳城市发展过程中，始终坚持经济与环境协调发展的原则，城市绿化事业取得了长足发展，整体达到国内一流水准。基本形成了植物多样、绿量充沛、具有南亚热带海滨城市特色、整体水平达到全国一流的生态城市空间格局。其中，截至2017年4月，人均公共绿地面积已达16.80平方米，超过北京、上海、杭州、苏州，在全国重要城市中首屈一指。经济增长与环境保护两条腿走路，深圳不仅没有"跛脚"，而是平稳地大踏步向前，成为全国生态文明建设的典范城市。

第一，顶层设计，规划引领。深圳市将生态文明建设作为推进新一轮改革开放的重要战略内容，在《深圳市实施〈珠江三角洲地区改革发展规划纲要（2008—2020年）方案〉》《深圳市综合配套改革总体方案》等纲领性文件中，均将推进生态文明建设作为重要组成部分。深圳市还从生态立市的高度筹划生态文明建设：编制实施《深圳生态市建设规划》，2008年在全国率先出台了《深圳生态文明建设行动纲领》，启动了80项生态文明建设项目。

第二，将环境保护纳入考核范围。完善党政领导环保实绩考核机制，首次将生态资源状况纳入环保实绩考核。2009年7月，深圳市人大常委会审议通过经修订的《深圳经济特区环境保护条例》，更加明确政府部门和企业的环境保护责任，并提高环境违法行为的处罚力度。2009年9月，深圳市政府发布《关于加快深圳环保产业创新发展的若干意见》，明确鼓励环保产业创新发展的政策措施；探索生态文明建设指标体系，形成《深圳市生态文明指标体系》框架。

第三，不断优化城市生态环境。按生态优先的理念开展严格的生态保护：1986年在特区总体规划中划定了绿化隔离带，初步确立了抑制城市建设向外无序扩张的生态边界；2005年开创性的把近半国土（974平方千米）划入基本生态控制线范围。以宜居幸福为目标加大生态建设力度：建设了全国唯一一个位于城市中心的国家级自然保护区，建成公园653个，规划建设总长约2000千米的绿色通道，实现全市每平方千米有1千米绿道，市民5分钟可达绿道。

第四，积极创建生态发展模式。结合经济发展方式转变强力推进节能减排：通过自主创新、产业结构调整，初步形成符合生态文明要求的产业结构和发展方式。依靠公众参与培育全社会的生态文明意识：开创性地构筑环保宣传教育社会互动模式，大力开展"细胞工程"生态示范创建，包括"深圳市生态街道"，"绿色社区"，"深圳市生态工业园区"等；学校环境教育和社会环境教育的范围不断扩大，以"建生态城市、圆绿色梦想"为主题，包括环保演出季、青少年环保节、世界环境日等宣传活动反响热烈。

 第二节　国外生态文明建设经验

生态文明建设不是一朝一夕的事情，是个长期的过程；同时生态建设包括很多方面，如大气环境治理、水环境治理、生态修复治理、产业结构转型升级等等，必须统筹考虑。尤其长江经济带属于流域治理，跨九省二市，除了加强各自省份的生态建设，还要处理好跨流域生态建设问题。学习国外跨流域、先进国家生态文明建设的一些做法，可以为长江经济带生态建设提供经验借鉴。

一、德国流域治理的经验

第一，设立双边专业小组——德国易北河流域生态补偿。

易北河是欧洲一条著名的河流，上游在捷克，中下游在德国。20世纪80年代，由于两国的发展阶段不一，易北河污染严重，对德国造成严重影响。从1990年起，德国和捷克斯洛伐克（1993年分为捷克和斯洛伐克）达成协议，共同采取措施整治易北河。其运作机制中最有亮点的是成立由8个小组组成的双边合作组织，包括行动计划组、监测小组、研究小组、沿海保护小组、灾害组、水文小组、公众小组和法律政策小组，分别负责相关工作。经费方面，德国拿出900万马克给捷克用于双方交界处的污水处理厂，同时对捷克进行适度补偿，加上研究经费与运作经费，整个项目的经费达到2000万马克（2000年）。经过双方共同努力，易北

河水质得到改善。[①]

第二，从立法的角度看，德国对莱茵河的治理体现了德国环保立法的三项原则。

风险预防原则：在德国现行环境法规中，风险预防是一项最基本的原则，其核心内容被表述为"社会应当通过认真提前规划和阻止潜在的有害行为来避免对环境的破坏"。例如，德国在1975年制定了《洗涤剂和清洁剂法规》，规定了磷酸盐的最大值，又于1990年对含磷洗涤剂加以明文禁止，有效避免了含磷洗涤剂和化肥的过量使用，遏制了莱茵河的富营养化趋势。

污染支付原则：德国最早提出"谁污染谁买单"的主张，通过充分运用经济手段，来保证环保法规的法律效力，因为对于流域管理中的外部不经济问题，法律化的经济手段最为有效。德国在1976年制定了《污水收费法》，向排污者征收污水费，对排污企业征收生态保护税，用以建设污水处理工程。同时，相关法规令污染企业得不到银行贷款，企业声誉和形象也会受到影响，这就促使企业不得不重视环境利益。

广泛合作原则：环境管理涉及每一个人的利益，理所当然需要公众的广泛参与，以使环保政策得到普遍的认同和执行。德国在1994年颁布了《环境信息法》，规定了公众参与的详细的途径、方法和程序，在立法上保证公众享有参与和监督的权力。公众参与水资源利用、保护的途径包括听证会制度、顾问委员制度以及通过媒体或互联网获取监测报告等公开信息，这就保证了流域管理措施能够切实符合广大公众的利益。公众环保意识高涨，以各自不同的方式自动自觉地保护莱茵河，成为对流域立体化管理的重要组成部分。[②]

二、美国密西西比河开发治理的经验

密西西比河的开发、管理和整治由密西西比河委员会集中负责，由美国工程

①冯俏彬.跨区域生态补偿的国际经验与借鉴［N］.中国经济时报，2014-06-17.
②张璐璐.莱茵河流域治理对我国流域管理的经验借鉴［N］.光明日报，2014-06-25（16）.

师兵团具体实施。自20世纪20年代开始，密西西比河水系经过一系列规划改造，形成了江、河、湖、海贯通，水深标准统一的内河航道网络。经过一个多世纪的开发和治理，密西西比河水系发展成为集航运、防洪、发电、供水、灌溉、娱乐、环保于一体的综合利用水系。密西西比河综合治理的经验可总结为以下几条。

第一，政府重视、颁发法律、有序开发。美国是一个特别重视立法的国家，通过立法，未雨绸缪地对未来的工程建设计划进行规划，使水利水电水运工程建设有法可依。

第二，委托工程师兵团进行实施，从水利、水电、水运三个方面进行科学规划和建设。

第三，航道、船闸、船队尺度标准统一、性能优良，做到了系列化、规范化和标准化，不仅提高了航运效率，而且便于维护。

第四，重视科研在河流治理和工程建设中的作用。每年政府都有大量的经费投入到维克斯堡水道实验站，进行相关研究、成果转化、数学模型、物理模型、数学生态模型实验等，优化比选方案，为工程设计、施工和维护等提供保障。

第五，倡导公众参与，增强河流意识。在密西西比河下游的图尼卡县建立了密西西比河流博物馆，将河流变迁、河流贡献、人河相处、生态环境、善待河流等知识，或以图文并茂，或以实物模型直观明了地向公众宣传。[①]

三、瑞典生态文明建设经验

瑞典位于北欧斯堪的纳维亚半岛东半部，总面积449 964平方千米，人口900.9万，是欧洲最先倡导对生态环境进行保护的国家，首都斯德哥尔摩是世界上建立"生态公园"的第一座城市。瑞典在生态文明建设的成功实践中主要有如下几个方面。

---

① 长江航运杂志编辑部. 美国密西西比河的开发治理经验［J/OL］. 长江航运杂志，2010［2010-10-14］. http://www.cjhy.gov.cn/hangyundongtai/dianziqikan/hangyunzazhi/201010/t20101014_176937.html.

第一，发展生态产业。在种植业方面，瑞典提倡只能施用牲畜粪便等天然肥料，不使用化肥、农药和除虫剂。为使土地保持肥力和减少病虫害，作物实行轮换种植，特别是要种豆类作物和牧草，作物中的杂草主要靠人工清除。在养殖业方面，瑞典提倡让牛、羊、猪、鸡在室外自由活动，使用自己生产的没有使用过化肥和农药的饲料。禽畜传染病以预防为主，一般不吃药，如果吃了药，要等3个月后才能屠宰。

第二，涵养生态河湖。瑞典是有名的"水乡"。为涵养生态河湖，瑞典非常注重从源头上保持河流的洁净，所有的城市都建立了雨水管理系统，凡是没有经过处理带有像汞一样的有害物质的雨水，一律不准直接进入河流。工业企业含重金属等有害物质的废水，经过处理后还必须得到环境法庭的许可才能排放。正因为瑞典十分注重河湖的综合治理、保护、涵养，因而使大部分江河湖泊得以保持健康生命。

第三，打造生态城镇。瑞典城镇房屋建筑材料的选择主要采用天然材料，室内墙面多用蜂蜡等材料制成的涂料抹平，无辐射，透气性能好。房屋建筑所有木料都不使用油漆，而是采用特殊方法加工，保证木料美观结实和无污染。生态村每座房屋都装有太阳能收集器，各住户所需的暖气和热水由太阳能设施提供。

第四，倡导生态生活。在瑞典的市场上，所有的水龙头、淋浴喷头或抽水马桶都是节水型的。瑞典人住房里的排水管很细，如果出水量过大，水槽里很快就会出现积水，"逼迫"人们不得不关小水龙头或淋浴喷头，减少生活用水量。

第五，完善政策法律法规。首先，制定政策保证投入。瑞典政府积极制定优惠政策，鼓励各行业创新开展有利于保护自然资源的行动，对自愿开展荒溪治理和农田保护的，由政府和欧盟各出资50%予以支持；在农业生产方面，对开展生态粮食生产的，政府给予产量成本50%的补贴；在林业生产方面，对私有林业主进行荒地造林的，政府从专有资金中补助50%。农林业生产中如果出现严重的病虫害，农户和业主可得到100%的补贴。其次，多措并举控污染。从20世纪70年代起，瑞典政府就运用征收环境税费等经济手段推进环境可持续发展，运用税费征收、减免和财政补贴等办法，促进整个国家的生态文明建设。如除继续对以前石油、煤炭和天然气等领域征收一般能源税外，从1984年起对使用农药和化肥也实行征税，资金主要用于环境研究、农业咨询和治理土壤盐碱化等。再次，完善法律重保障。20世纪50年代前后，瑞典政府已有《水法》《狩猎法》等7部保护自然方面的法律，在此基础上，1970年以后，瑞典的环境立法又得到了进一步发展，相继颁布了《禁止海洋倾废法》《机动车尾气排放条例》《有害于健康和环境的产品法》及其条例等法律法规。1974年瑞典颁布的宪法规定：必须以法律的形式制定包括狩猎、捕鱼，或者保护自然和环境在内等事宜的规章制度。

第六，加强教育意识。为促进全民环保法律意识，瑞典的生态教育首先从学校抓起，义务教育学校大纲中规定的16门课程中，有9门涉及对环境与可持续发展教育的要求。从1991年起，瑞典每年都要举办"世界水周"活动，旨在关注水资源、保护水环境、促进水投资。[1]

第三节　国内外生态文明实践的启示

上述相关国家、地区、流域在生态文明建设中取得的成功经验，对长江流域省市生态文明建设都有很好的借鉴意义。主要表现在以下方面。

一、加强流域治理，开展多边合作

一要重视流域的立法。立法是流域综合管理的基础。立法对流域综合管理的重要性在于：确立了流域管理的目标、原则、体制和运行机制，并对流域管理机构进行授权。长江流域的专门管理机构及长江流域沿岸的地方政府在地方立法时不能只考虑本地区经济的发展，还应该考量流域上下游、干支流之间的可持续

---

①文锦菊，冯友钊，李政钧. 国内外推进生态文明建设的经验与启示［J］. 湖南科技学院学报，2013（10）.

发展。人为把长江流域进行分割，不利于整个流域水资源的利用和保护，对长江流域立法时要充分考虑流域整体上的需要及流域其他地方的需要，坚持可持续发展的整体性原则。如《欧盟水框架指令》的主要目标是在2015年以前实现欧洲的"良好水状态"，整个欧洲将采用统一的水质标准，地下水资源超采现象将被遏制。可借鉴"流域管理和区域管理相结合"的模式，借鉴莱茵河的经验，要求相关区域签订合作公约，奠定共同治理的合作基础；国家对合作公约的基本原则进行规定，充分体现"政府调控、市场推进、注重协调"的原则。可以借鉴韩国汉江和英国泰晤士河等的经验，进一步完善水污染治理法律，建立相关法规和条例。充分考虑水环境保护、水资源管理和水污染防治三者的历史依存关系，坚持水资源开发利用和水环境管理监督职能应完全分开的原则。

二要严格执行各类环境法规，如要建立生态补偿制度并严格执行。

三要充分保障公众的知情权，提高公众的参与度。政府职能部门有义务定期公布关于水资源保护的各项政策法规及职责履行情况，接受公众的监督和质询。公众只有及时而全面了解了水资源实际状况，才能更加积极主动地参与到水资源保护行动当中。如莱茵河流域治理实行公众广泛参与原则。《欧盟水框架指令》提出了关于在《欧盟水框架指令》实施中积极鼓励公众参与的总体要求，要求在规划过程中进行三轮书面咨询，并要求给公众提供获取基本信息的渠道。

四要成立双边甚至多边合作组织或者机构，统一流域的管理。莱茵河流域的管理机构就通过国际协议建立了莱茵河航运中央委员会、莱茵河国际保护委员会（1950）和莱茵河国际水文委员会（1951）。美国根据流域法律成立了田纳西河流域管理局，通过联邦政府与州政府的协议建立了特拉华河流域委员会。美国和加拿大通过国际协定建立了国际联合委员会，处理两国跨界河流问题。

二、发展生态经济，促进经济转型

瑞典发展生态农业的做法，为长江经济带生态文明建设提供了新的思路。沿江省市要促进经济的发展，必须合理利用资源，发展生态工业，努力走出一条消耗少、效益高、科技含量高的生态型工业和无污染的特色工业之路。必须优化农业结构，发展生态农业，着力培育一批特色鲜明、实力较强的农业生态园。必须适应"生态、绿色、环保之旅"的旅游新潮流，开发生态旅游业。

三、健全相关制度，完备生态法制

重视相关政策法规的完善，提高生态文明制度和决策的执行力。不少国家十分注重建立并完善生态环境保护法律法规，综合运用多种环境政策，保护生态环境。例如，瑞典建立了十多部法律法规。因此，推进长江经济带生态文明建设，首先应建立和完善资源环境保护的法治管理制度。目的是从资源环境角度，形成对全社会的制度约束和规范。基本上做到凡对环境有影响的人类行为，都有相应的法规制度进行调节和管束，达到"因人人受制而致人人自由"的境界。

通过提升公民生态意识，建立非正式的生态文明制度。生态文明制度是通过硬、软两个途径对人们在生态文明方面的行为进行调整，以达到提高生态文明水平的目的。通常人们多认为制度是指那些写出来的硬性规定，但实际上，在调节人们行为的各种因素中，刻在人们心中、成为人的价值观念的软性规则，往往起到了更坚定、更持久的作用。这也是我国在治国理政中十分强调"以德治国"的原因。西方制度经济学把这些软性规则称为"隐性制度""非正式制度"，加以专门研究。瑞典就特别重视生态教育。

四、筹措生态资金，加大经费投入

加拿大哥伦比亚河流域把水电开发的部分收益对原住民进行补偿，用于社区流域保护与教育活动。荷兰通过规范河漫滩的采砂权来筹措河流生态恢复的资金。南非则将流域保护和恢复行动与扶贫有机地结合起来，每年投入约1.7亿美元雇用弱势群体来进行流域保护，改善水质，增加水供给。瑞典政府对开展荒溪治理和农田保护、开展生态农业粮食生产、荒地造林等在资金上均给予了支持、补贴、补助。沿江各地要多方筹措资金作为推进长江生态文明建设强有力的财力保证。

第三章　贵州省生态文明建设

　　贵州地处大西南地区，远离东部沿海发达地区，处于长江经济带上游腹地，其中2/3的国土面积属于长江流域，有69个县属长江防护林保护区范围，是长江上游地区的重要生态屏障，生态环境的优劣直接影响到长江中下游生态安危，对于实现整个长江流域的生态安全举足轻重。贵州融入长江经济带，可以更好地强化生态文明在区域发展中的引领性作用。

第一节　贵州省生态资源概况

在长江经济带的各个省市中，贵州省自然资源丰富，有组合良好的能源、矿产资源，其中水能资源蕴藏量居全国第6位，煤炭资源保有储量超过江南11个省市之和；有种类繁多的生物资源；有绚丽多姿的旅游资源，构成了贵州独特的资源优势，具有很大的开发潜力。这些宝贵的资源，都是建设长江经济带不可或缺的重要资本。

1. 生物资源

贵州多类型的土壤、独特的山地环境与光、热、水等条件结合，繁衍出种类繁多的生物资源。全省有维管束植物9982种（包括亚种、变种，下同），其中可食用的700多种，绿化、美化以及能抗污染、改善环境的2000多种；列入国家Ⅰ级保护的珍稀植物有冷杉、银杉、珙桐、贵州苏铁等16种。野生动物资源丰富，有脊椎动物1053种，其中兽类141种、鸟类509种、爬行类104种、两栖类74种、鱼类225种；列入国家一级保护的珍稀动物有黔金丝猴、黑叶猴、黑颈鹤等15种。"夜郎无闲草，黔地多良药"，贵州是中国四大中药材产区之一，全省有药用植物4419种、药用动物301种，享誉国内外的"地道药材"有50种，已开发利用的中草药资源有350余种，天麻、杜仲、黄连、吴萸、石斛是贵州五大名药。

2. 矿产资源

贵州是中国的矿产资源大省之一，已发现的矿产有110种以上，其中76种程度不同地探明了储量。有42种矿产的保有储量排名中国前10位，列第1~3位的有22种。其中煤、磷、汞、铝土矿、锰、锑、金、重晶石、硫铁矿、水泥与砖瓦原料以及各种用途的白云岩、砂岩、石灰岩等优势明显，在中国占有重要地位。如铝土矿保有储量3.96亿吨，居全国第2位，矿石质量优良；磷矿石品位高，保有储量26.3亿吨，其中一级品富磷矿5亿吨，居全国首位；汞矿、重晶石保有储量均居全国首位；稀土和镓保有储量居全国第2位，锰矿、锑矿、碘保有储量居全国第3位；黄金、铅锌、硫铁矿、冰洲石、矿泉水等均有较好的开发前景。同时，矿产资源大多集中在能源丰富、开发条件好的乌江流域。

3. 水电煤气资源

贵州能源资源主要由水能资源和煤炭资源组成，具有煤电结合、水火互济的优势。全省水资源总量达1062亿立方米，水能资源蕴藏量为1874.5万千瓦，居全国第6位，横贯全省的乌江是水能"富矿"，南盘江、北盘江、清水江等都蕴藏着丰富的水能资源。截至2013年末，全省煤炭保有资源总量802.53亿吨，其中保有资源储量483.02亿吨，居全国第5位，超过江南11省（区、市）煤炭资源储量的总和，被誉为"江南煤海"。贵州有十分丰富的煤层气（瓦斯）资源，埋深小于2千米的煤层气达3.15万亿立方米，居全国第2位。贵州页岩气资源较为丰富，经贵州省页岩气调查评价显示，地质资源量13.54万亿立方米，可采资源量1.95万亿立方米，位列全国第三。丰富的能源资源将为贵州建设成中国重要的能源基地奠定良好的基础。

4. 旅游资源

贵州旅游资源富集，分布广、类型多、品位高、保护较好，是名副其实的自然风光"大公园"和民族文化"大观园"。全省拥有"中国南方喀斯特""赤水丹霞"世界自然遗产、侗族大歌世界非物质文化遗产、生态博物馆、国家A级旅游景区、国家级风景名胜区、国家级自然保护区、国家森林公园、国家地质公园、中国优秀旅游城市、民族文化旅游村寨多处。神奇的自然景观、浓郁的民族风情、深厚的历史文化、宜人的气候条件，构成了贵州旅游发展的比较优势，现已形成度假旅游、乡村旅游、温泉旅游、文化旅游、红色旅游、生态旅游及专项旅游相结合的多元化产品体系，成为集旅游观光、避暑养生、会展商务及文化体验于一体的休闲度假旅游胜地。

贵州省较其他省区其环境资源具有的特殊性，决定了贵州省的发展道路必须要考虑贵州自身的特殊性。首先，贵州具有多山地的地形，属于亚热带湿润季风气候，形成了独特的气候条件：冬无严寒，夏无酷暑。其次，贵州独特的喀斯特地貌与丰沛的降水条件造就了独特的旅游资源。再次，贵州相对封闭的地理条件和多民族聚居的人口特征形成了独特的民族文化，其复杂的地质条件也使得贵州具有丰富的矿产资源。所以说，贵州具有巨大的发展潜力，但前提必须是注重生态文明建设。[1]

第二节　贵州省生态文明建设现状

贵州贫困，是全国同步小康任务最艰巨的一个省份；贵州多山，是全国唯一没有平原支撑的省份，支离破碎贫瘠的土地，勤劳的人们只能在"鸡窝地""巴掌田"上找食；贵州多绿，全省2017年森林覆盖率达到55.3%。在这方贫困而又美丽的土地上，贵州省在发展过程中始终守住两条底线。一是发展的底线。贵州过去发展慢、欠账多，实现同步小康的任务要求必须长期保持一个较快的增长速度。二是生态的底线。绝不能以破坏生态来换取经济增长。必须要转变经济增长方式，走节约资源、保护环境的发展路子。

贵州省近几年在生态文明建设方面做出了不懈努力。十二五期间贵州省全面推进生态文明建设和绿色发展，生态环境优势得到巩固加强。加快生态文明先行示范区和绿色贵州建设，发挥生态环保"两把利剑""两个问责"作用，发出"多彩贵州拒绝污染"强音。完成营造林2161万亩，治理石漠化8270平方千米、

①佚名.论贵州生态文明建设［EB/OL］.北京：百度文库，2014［2014-10-10］.http://wenku.baidu.com/link?url=ibL_WZSXGhxjK-q9FMr6dbLTB7qiMAbOrtSKColghEnwaVcBOWBiEz9BMDLMZ2xYhnkOoRTJGoEVd7SRCknZlQBaUcKBfo1WRsBCpWnVsLi.

水土流失1.1万平方千米。淘汰落后产能3080万吨，单位生产总值能耗下降19%，市州中心城市集中式饮用水源水质达标率100%、空气质量指数优良率高于90%。县级以上城市污水处理率、生活垃圾无害化处理率达到89.3%和82.7%。草海生态保护和综合治理规划获国家批复。八大河流实行"河长制"。赤水河、乌江、清水江流域生态文明制度改革取得实质性突破。"爽爽的贵阳·中国避暑之都"旅游品牌打响，被评为"国家森林城市""全国文明城市"和"国家卫生城市"，"生态"成为它的靓丽名片。

一、贵州省生态建设取得的成绩

1.制定了一系列法律法规

2009年，《贵阳市促进生态文明建设条例》出台，这是国内首部促进生态文明建设的地方性法规。2011年10月，《贵州省赤水河流域保护条例》出台。该条例不仅为赤水河的治理提供了法律保障，更为贵州生态文明立法提供了经验。赤水河也因此成为贵州省生态文明建设改革之先"河"。2014年5月17日，贵州省人大常委会通过《贵州省生态文明建设促进条例》，并于当年7月1日实施。作为贵州省生态文明建设的基本法，条例在诸多方面体现了开创性和地方性：确立了政府、企业、公众在生态文明建设方面的基本权利和义务；突出了加强生态建设、调整产业结构、发展循环经济的思路；强调了生态保护红线、生态补偿、环境信用、环境污染第三方治理等制度。这些内容，国家都没有专门的立法规定。贵州的大胆探索，为国家制定生态文明建设基本法律提供了借鉴。2014年6月5日，国家发展改革委等六部委批复《贵州省生态文明先行示范区建设实施方案》，标志着贵州在生态文明建设方面已先行一步。2015年1月28日，贵州省十二届人民代表大会第三次会议报告指出，要"以促进环境保护为核心，加强生态文明领域立法。率先在全国出台省级生态文明建设促进条例，推动生态文明先行示范区建设，着力构建具有贵州特色的生态文明建设法规体系"。

为推进生态文明建设，贵州省成立了一系列组织机构。如2007年起组建两湖一库管理局，成立全国首家"环保法庭"和"环保审判庭"，2012年组建生态文明建设委员会，2013年组建全国首家"生态保护检察局"和"生态保护公安局"。环境约束力显著提升。

2. 大力发展生态产业

经过摸索后，贵州探索出了"靠山吃山，吃山养山"的宝贵经验：以经济开发促进生态建设，寓生态建设于经济开发。通过发展山地农业、生态旅游业、生态畜牧业等产业，绿水青山不断变成群众存本取息的"绿色银行"。例如2013年，贵州省实施"5个100工程"，在产业园区、现代高效农业示范园区、示范小城镇、城市综合体、旅游景区探路绿色发展。2014年下半年，贵州响亮地提出"五大新兴产业"，其中大健康医药产业、山地农业、生态旅游业都与山关联，念好"山字经"、种好"摇钱树"，舞动"产业链"，成为实现绿水青山与金山银山共赢的重要路径。

在农业发展上，贵州立足山地资源禀赋，以结构调整为主线，以特色优势产业为抓手，以农业园区建设为平台，大力发展现代山地高效农业，形成了贵州农业农村经济快速发展的良好局面。目前一批优势特色主导产业如生态畜牧、茶叶、蔬菜、精品水果、马铃薯、中药材、核桃、油茶、特色食粮和特色渔业等特色优势产业迅速发展壮大；一些产业逐步在全国占据了一定地位，茶叶、辣椒、火龙果、刺梨、薏苡种植面积居全国第1位，马铃薯、中药材居第3位，蓝莓种植居第4位，大鲵存池量居第4位；湄潭翠芽、都匀毛尖、"乌蒙山宝·毕节珍好"等一批特产形成品牌，畅销全国。如安龙县贵州汇珠薏仁集团每年可产薏仁精油1000吨，产值超过26亿元。黔西南的薏仁米种植规模已达2万公顷以上，让黔西南州数以万计的农民增收。

3. 关注民生，统筹城乡发展

贵州以实施新型工业化、新型城镇化、农业现代化、旅游产业化"四位一体"

为抓手，大力开展生态移民。2012—2014年，贵州不断加大民生投入，累计投资近2000亿元。全面实施城乡居民大病保险政策，基本医疗保险异地就医即时结算提前实现全省覆盖；深入实施"9+3"义务教育及三年免费中等职业教育计划，启动实施基本普及15年教育计划，乡镇公办中心幼儿园实现全覆盖；"3个15万元"等促进就业政策，带动10多万人就业；建设农村敬老院，实现农村老人老有所养。2013年，贵州启动"四在农家·美丽乡村"基础设施建设小康路、小康水、小康房、小康电、小康讯和小康寨六项行动计划，推动基础设施向乡村延伸，加快改善农民生产生活条件。贵州坚持把脱贫攻坚作为重中之重，精准扶贫取得重大成效。聚焦"两有户、两因户、两无户、两缺户"（两有户：有资源、有劳动力但无门路。两因户：因学致贫、因病致贫。两无户：无力脱贫、无业可扶。两缺户：缺基础设施、缺技术资金），坚持"六个精准""六个到村到户""四到县"，制订实施"33668"扶贫攻坚行动计划，出台落实大扶贫战略行动意见和"1+10"等政策文件，实施"两线合一、减量提标"和精准扶贫"特惠贷"。取消重点生态功能区10个贫困县GDP考核。投入财政扶贫资金305亿元。易地扶贫搬迁66万人。35个贫困县、744个贫困乡镇摘帽，贫困发生率下降到14.3%。

4. 理论研讨卓有成效

2009年8月22日，首届生态文明贵阳会议召开，会议主题是"发展绿色经济——我们共同的责任"。在各方的共同努力下，该会议已经成为政府、企业、专家、学者等多方参与、共建共享生态文明建设理论探索和经验交流的重要平台，成为跨领域、跨行业、跨部门、跨国界合作的重要桥梁，成为交流各方经验和信息、总结各类实践和典型案例、展示生态文明建设成果的重要窗口。2013年，经党中央和国务院领导批准，外交部同意贵州省举办生态文明贵阳国际论坛，这是我国目前唯一以生态文明为主题的国家级国际性论坛。生态文明贵阳国际论坛成为中国向世界发出生态文明的号角，传递中国生态文明建设的最强音。2015年11月16日，生态文明贵阳国际论坛首次在德国成功举办研讨会。

二、贵州省生态环境存在的主要问题

尽管生态建设取得了不菲的成绩，但是贵州省生态环境仍然面临不小的问题。2013年，贵州遭遇了严重的特大干旱。地处贵州西部和南部的黔西南、毕节、六盘水和安顺等几个石漠化比较严重的区域是该次大旱的重旱区。许多行业受到了严重的影响，其中农业最为严重。由此可以看到，贵州省生态环境所面临的问题，不仅说明生态环境本身更加脆弱，而且会制约经济和社会的协调发展，贵州的生态建设已成为所有工作中的重中之重。

1. 贵州省经济基础较弱、经济增长方式粗放

2017年贵州省GDP在全国排名靠后，为25位，增速10.2%，位列全国第一位。说明当前贵州省的经济发展虽然速度在加快，但是总量小、人均低。在进行生态文明建设的过程中需要投入大量的资金，而贵州省由于在该方面的财政投入力度较小，导致生态文明建设中的很多环节都存在资金缺口，对生态文明建设进程的推广造成了严重的影响。同时贵州省具有非常丰富的自然资源，这就决定了贵州省在工业发展的过程中形成了资源型产业为主的结构，主要发展资源密集型与高耗能工业，经济发展主要依托煤炭、磷矿、铝土矿等资源，煤炭、电力、化工、有色、冶金等重化工业占工业增加值的60%以上，能耗强度是全国的2.15倍，工业固体废物综合利用率低于全国平均水平。发展方式粗放，产业转型的任务非常重。

2. 人口多，资源环境承载压力大

贵州现在人口总量过多，由于人口基数和政策生育率等多方面原因，据贵州省计划生育委员会统计表明，2007年全省总人口3900余万，年出生人口近60万人；人口密度为每平方千米220人，比全国平均水平多86人；人均耕地仅为0.046公顷，比全国低0.052公顷，低于联合国粮农组织规定的人均0.053公顷的警戒线，且十分贫瘠；2015年全省人口出生率仍比全国高出0.93个千分点（贵州省为13‰，中国为12.07‰）。由于贵州的人口同生态系统的承载力不能适应。因此，在未来发展过程中，人口问题仍是贵州省的长期性战略性问题。

3. 水土流失、地下水污染、沙漠化现象依然存在

贵州是全国岩溶区域面积分布最广、水土流失最严重、生态环境最脆弱的西部欠发达省份之一。2010年贵州省水土流失遥感调查结果显示，该省水土流失面积达5.5万余平方千米，占全省土地总面积的31.4%。部分区域水土流失严重，形成大面积的石漠化，恶化了生态环境。同时，贵州省地下水由于特殊的喀斯特地理环境，极易受到人类活动的影响。学者郎赘超等人在研究贵阳市地下水的污染情况时发现，该地区的地下水主要污染物质为氯化物、硫氧化物和氮氧化物。丁坚平等人研究贵阳大坝地区的地下水，发现该地区部分地下水的氟含量高达20.00~27.60毫克/升，这严重威胁着人们的健康生活。荒漠化（desertification）是由于大风吹蚀、流水侵蚀、土壤盐渍化等造成的土壤生产力下降或丧失，广义的荒漠化是指由于人为和自然因素的综合作用，使得干旱、半干旱甚至半湿润地区自然环境退化（包括盐渍化、草场退化、水土流失、土壤沙化、狭义沙漠化、植被荒漠化、历史时期沙丘前移入侵等以某一环境因素为标志的具体的自然环境退化）的总过程。荒漠化的后果是非常严重的，它不仅能够使土地丧失最基本的生产力，而且还严重地威胁到农林牧业的正常生产，甚至还能使人类失去赖以生存的根本条件。因此，荒漠化给贵州省的生态环境带来巨大的威胁。据相关数据显示，目前贵州省的荒漠化土地总面积达7.9%左右，面积大约有138.9万公顷。然而，更严重的是土地荒漠化还在以每年平均508.16千米的速度在扩张，这给保证基本农田耕地带来巨大的挑战。[①]

4. 土壤重金属污染严重

宋春然等人于2004年对贵州省农田土壤的重金属污染状况做初步分析，结果发现，贵州省农田的土壤中重金属砷为17.5毫克/千克、铅为45.0毫克/千克、镉为0.342毫克/千克，铬为48.2毫克/千克，汞为0.201毫克/千克，综合来看，贵州省的农田土壤综合污染指数达到2.81，污染等级初步定为中度。贵州省的土

①晁建强.贵州省生态环境存在的问题及对策［J］.中国园艺文摘，2013（7）.

壤重金属污染以Cd污染最为突出，污染指数达到4.05，污染等级定为重度。值得一提的是，贵州省的汞矿储量、产量居全国第一。据不完全统计，40年来贵州省在汞矿的开采冶炼过程中制造大量的污染物，初步统计排放的废气达到200亿立方米左右，含汞的废水达到5192万立方米，含汞的废渣达到426万立方米。在20世纪80—90年代开采冶炼汞的黄金时期，主要由于生产工艺的不成熟，年生产量大，从而导致大量的废气、废液和废渣向周边环境中排放。到目前为止，治理土壤重金属污染还没有行之有效的办法，这就使重金属污染的预防和监测变得尤为重要。[①]

5.部分地区资源开采无序

矿山无序开发会导致生态破坏，如占用土地，破坏植被，加剧水土流失和石漠化，尤其是露天或浅层开采的铝土矿、磷矿、砂岩、灰岩、页岩等，危害更为强烈；此外，还会诱发滑坡、地裂、泥石流等地质灾害。

6.城市生态环境问题包括工业污染、城市废弃物污染依然较为严重

贵州几乎所有的大中城市都坐落在喀斯特环境中，城市的形态结构、水土资源及城市扩展均受"喀斯特"环境的制约，其生态系统极为脆弱。表现在：水土资源贫缺、平地少，地形封闭，旱涝和地貌灾害频繁等。同时加上科技、经济和城市管理滞后，环保意识差，"三废"多数未经处理就排放，形成经济发展与环境污染相联，加上先天脆弱的"喀斯特"生态环境，造成城市严重的生态环境问题：以煤烟型空气污染，水体有机污染和交通噪声污染为主。二氧化硫污染极为严重，酸雨污染、城市河段及湖（库）污染普遍存在；4／5的城市道路交通噪声超过国家标准；1／2的城市区域噪声污染较重。[②]

---

①晁建强.贵州省生态环境存在的问题及对策［J］.中国园艺文摘，2013（7）.
②陈慧琳.贵州省的城市生态环境问题［J］.人文地理，2002（6）.

第三节　贵州省推动长江经济带生态文明建设思路与主要路径

贵州省发改委2014年7月的一份报告提出该省融入长江经济带的发展目标，把贵州建成长江上游地区重要的陆路交通枢纽，长江经济带的能源、资源深加工基地和产业转移重要承接区，长江经济带内陆开放型经济示范区，长江经济带的生态文明建设先行区，探索长江上游内陆地区城镇化发展有效路径。在未来的发展中，贵州省要牢固树立和落实绿色发展的理念。深刻认识绿色是永续发展的必要条件和人民对美好生活追求的重要体现，全面落实节约资源和保护环境的基本国策，坚定走生产发展、生活富裕、生态良好的文明发展道路，推进绿色贵州建设。

一、完善空间开发格局

要严格实施主体功能区制度，落实《全国主体功能区规划》和《贵州省主体功能区规划》，调整优化空间结构，提高空间利用效率，合理控制开发强度，把适宜开发的国土空间开发好，把不适宜开发的国土空间切实保护好，构建科学合理的城镇化格局、农业发展格局、生态安全格局。各市、县政府负责落实全国和省主体功能区规划对本市、县的主体功能定位，在本市、县的国民经济和社会发展总体规划及相关规划中，明确各功能区的发展目标和方向、开发和管制原则等。到2020年，全省国土空间开发强度控制在4.1%以内。

第一，优化城镇化空间格局。推动城镇化发展由外延扩张式向内涵提升式转变，尊重自然格局、尽量减少对自然的干扰和损害，坚持产城互动，形成"一群、两圈、九组"为主体的城镇化空间格局。以贵阳中心城市为省域发展主核，加快贵安新区建设，积极培育黔中城市群，着力打造"贵阳—安顺"及遵义两个都市圈，推进构建以六盘水、毕节、都匀、凯里、兴义、铜仁等区域性中心城市和盘县、德江、榕江等一些新培育的区域次中心城市为依托的九个城市经济圈（城镇组群）。以干支线机场、快速铁路和高速公路的网络节点为重点，培育一批有条件的县城发展成为中等城市，加快重点建制镇发展，形成以大城市为依托、中小城市为骨干、小城镇为基础、梯次明显、优势互补、辐射作用较强的现代城镇体系。

第二，优化农业发展格局。以基本农田为基础，以大中型灌区为支撑，构建"五区十九带"农业发展格局。黔中丘原盆地都市农业区，重点建设优质水稻、油菜、马铃薯、蔬菜、畜产品产业带；黔北山原中山农—林—牧区，重点建设优质水稻、油菜、蔬菜、畜产品产业带；黔东低山丘陵林—农区，重点建设优质水稻、蔬菜、特色畜禽产业带；黔南丘原中山低山农—牧区，重点建设优质玉米、蔬菜、肉羊产业带；黔西高原山地农—牧区，重点建设优质玉米、马铃薯、蔬菜、畜产品产业带。

第三，构筑生态安全格局。以乌蒙山—苗岭、大娄山—武陵山生态屏障和乌江、南北盘江及红水河、赤水河及綦江、沅江、都柳江等河流生态带为骨架，以重要河流上游水源涵养—水土保持区、石漠化综合防治—水土保持区、生物多样性保护—水土保持区等生态功能区为支撑，以交通沿线、河湖绿化带为网络，以自然保护区、风景名胜区、森林公园、地质公园、湿地公园、城市绿地、农田植被等为重要组成部分，构建"两屏五带三区"生态安全战略格局，基本构筑起功能较为完善的"两江"上游区域性生态屏障。扩大绿色生态空间，森林面积扩大到9.2万平方千米，河流、湖泊、湿地面积保持增加，生物多样性进一步提高。[①]

二、加强长江流域污染防治

严格按照贵州省发展改革委、省环境保护厅出台的《关于加强长江黄金水道环境污染防控治理工作方案》，以改善水环境质量为核心，确保"一江清水"永续利用，促进长江流域经济社会可持续发展。首先，完善流域水质监控，完善流

------

①参考《贵州生态文明先行示范区建设实施方案》。

域水质和流量监测网络，实施跨市（州）界断面水质考核。加快推进乌江流域生态补偿监测断面水质自动监测站建设，确定乌江、清水江及赤水河流域水体纳污能力核定和提出限制排污指标。优化流域沿江沿河取水口和排污口布局，加大水源地周边环境综合整治，建立健全保护区内生活垃圾及污水收集处理长效机制。其次，强化重点流域水污染整治。制定并实施水污染防治行动计划年度方案，持续推进赤水河、乌江、清水江生态文明制度改革试点；加强乌江、清水江流域总磷污染整治，推进洋水河、瓮安河、重安江、马岭河等重点流域重点支流整治。实行按季公布全省各市（州）水环境质量状况并排名，对不达标的，实施挂牌督办等。加大三峡库区及上游区水污染防治力度，积极推进三峡库区上游区及影响区生态屏障带建设。将环境保护"河长制"延伸至乡（镇）、村（社区），开展河道清淤清障，对流域沿岸实施保洁，严禁生活垃圾入河，确保河流及沿岸干净整洁。

三、实施重大生态修复与环境保护工程

1. 实施生态工程

坚持保护优先、自然恢复为主，实施山水林田湖生态保护和修复工程，推进绿色生态廊道建设，保护生物多样性，筑牢"两江"上游重要生态安全屏障。进一步强化已纳入规划的红枫湖、百花湖、草海等11个水质良好湖泊生态环境保护以及生态修复力度。深入实施"绿色贵州建设"行动计划，大力开展封山育林、植树造林，大力实施退耕还林、天然林保护等重点生态工程建设，发挥国有林场在绿化国土中的带动作用，大幅提高森林覆盖率，推进中心城市环城林带和城镇生态建设，大力开展生态县、生态乡、生态村创建活动。着力构建沿江生态隔离带，积极开展河湖滨岸带拦污截污工程和沿江河道崩岸治理工程。大力推进草海等湿地恢复保护，控制围网养殖规模，保护湿地生态环境。加强草地生态建设。坚持生态优先和草畜平衡原则，推广晴隆模式，采取人工种草、草地改良、围栏

封育等工程措施，建设与恢复岩溶草地生态，防治草地石漠化和水土流失。加强生物多样性保护，加强对黔金丝猴等濒危野生动物及其栖息地和候鸟迁飞路线的野外巡护，严防盗猎及破坏，开展栖息地恢复、改造，促进濒危野生动物种群的扩大。探索合理利用自然资源和环境的途径，把茂兰、梵净山、赤水、雷公山、朱家山等保护区打造成国际生物多样性科普研究基地。深入实施水利建设、生态建设、石漠化治理"三位一体"规划，建设国家石漠化综合治理示范区。

2.深化重点领域污染防治

强化工业污染防治。全面排查流域工业污染源，按照"一厂（矿）一策一处理设施"要求，对超标、超总量的排污企业一律实施挂牌督办或停产整治，整治后仍不能达到要求的，依法关闭。推动工业集聚区污染治理。引导工业企业向产业园区聚集，集中整治工业集聚区水污染。流域内纳入"100个产业园区成长工程"的产业园区全部建成污水集中处理设施及自动在线监控装置，并稳定运行。提高城镇污水垃圾收集处理水平。加快城镇污水处理设施和配套管网建设与改造，强化城中村、老旧城区和城乡结合部污水截流、收集，完善城市雨污分流排水体制，提升城镇生活污水处理厂运行效率。乌江、清水江、赤水河干流沿线的县级以上城市（区）污水处理设施全部达到一级A排放标准，实现稳定运行。努力实现流域内所有县城和建制镇具备垃圾收集处理能力。控制船舶污染，完善船舶污染物的接收处理，提高含油污水、化学品洗舱水等接收处置能力及污染事故应急能力，重点推进港口、船舶修造厂污染物接收处理设施建设。强化大气污染防治，加大城市建筑工地和道路交通扬尘污染控制力度，大力调整能源结构，增加清洁能源供应，加快淘汰燃煤小锅炉，PM_{10}年均浓度下降比例达到国家核定空气质量改善目标。完成农产品产地污染等级划分，实行分级管理，加强土壤污染防治和耕地质量保护，加强农业面源污染防治，改善土地资源质量。实施重金属污染物防治，大力推进实施铜仁市万山区、松桃县，六盘水市钟山区，毕节市赫章县等4个重点区域重金属污染治理项目，以及推动黔南州独山县重金属污染治理工程、黔南州三都县锑矿废渣污染综合整治工程、黔东南州丹寨县汞矿历史遗留汞渣污染综合防治工程建成等。

3. 促进能源资源集约节约利用

实施节能改造、节能技术产业化示范、节能产品惠民、节能能力建设等重点工程，加速淘汰老旧、高耗能、高污染汽车、机车、船舶等深入推进节能降耗。落实最严格的水资源管理制度，严格控制用水总量，保护水资源，推进贵阳市、黔西南州、黔南州全国水生态文明试点建设。加强对耕地、基本农田保护，规划城乡建设用地，重点实施黔西北连片特困区土地整治、黔东北连片特困区土地整治、黔中现代农业土地综合整治、黔西南岩溶石漠化地区土地综合整治、黔东生态农业基本农田整治等土地整治工程等保护土地资源。推进绿色矿山建设，推动矿产资源综合开发利用，全面建设矿产资源节约集约利用示范省。

四、进一步构建生态产业体系

十九大报告指出，要深化供给侧结构性改革，要推动高质量发展。贵州落实和加强生态文明建设的紧迫任务，要加快淘汰落后产能，推动产业结构优化升级，构建科技含量高、资源消耗少、环境污染低的产业结构和生产方式，推动绿色低碳循环发展，实现经济发展和资源节约、生态环境保护多赢。

1. 推动流域产业结构优化调整

科学划定岸线功能分区边界，严格分区管理和用途管制。坚持"以水定城、以水定地、以水定人、以水定产"，统筹规划江河岸线资源，重大项目原则上布局在重点产业园区，并符合城乡规划、土地利用总体规划以及区域环评和规划环评要求，严控高污染、高排放项目建设。除在建项目外，严禁在赤水河、乌江、清水江干流及主要支流岸线1千米范围内新建布局重化工园区，严控江、河沿岸地区新建石油化工和煤化工项目。按照流域水质目标和主体功能区规划要求，完善空间准入、产业准入和环境准入的负面清单管理模式，明确区域环境准入条件，实施差别化环境准入政策。推进产业水循环利用。全面实施电解锰、磷化工、电镀、洗煤等行业生产废水闭路循环，加大火电、纺织印染、造纸、石油石化、化工、制革等行业节水改造力度。鼓励产业园区节约利用水资源，强化园区用水管理，实行统一供水、废水集中处理和水资源梯级优化利用，实现循环用水和一水多用。淘汰落后产能，坚持能耗、水耗、污染物排放标准，严格执行国家下达的淘汰落后产能目标任务，积极化解产能严重过剩矛盾，完善落后产能市场退出机制。推进煤矿企业兼并重组，坚决关闭煤炭行业落后产能。推进电力行业淘汰落后产能，加快关停小火电机组。

2. 高端定位、优先突破新兴产业

把新兴产业作为贵州省促增长的着力点、调结构的主战场。发挥产业政策导向和促进竞争功能，积极争取国家产业投资引导基金支持，培育一批新兴产业。加快发展以大数据为引领的电子信息产业，推进大数据综合试验区建设，实施"互联网+"行动计划，促进数据资源开放共享，打造全国大数据发展战略策源地、政策先行区、创新引领区和产业聚集区，全力打好大数据战略行动突围战。一要推进高碳产业向低碳产业转型，要大力推进清洁能源产业化。以发展核能、风能、氢能、太阳能、水能等为主攻方向，积极发展清洁能源，加大产业化力度。要大力发展绿色装备制造。贵州省装备制造业发展势头较好，全省4个国家级新型工业和示范基地，装备制造基地有2个，分别是贵阳经济技术开发区和遵义经济技术开发区，其中贵阳经济技术开发区在2014年工业总产值就达521.3亿元，遵义经济技术开发区积极推动军民融合，加快推进智能制造装备、卫星及应用等一批高端装备产业化；还有黎阳航空发动机沙文新基地、安顺民用航空产业基地、毕节汽车制造基地等一批以装备制造业为主导的工业园区聚集效应初步形成。今后要提升技术水平，加快装备制造业绿色化发展。进一步提升环保成套设备、风力发电、工艺装备、系统集成化水平，加快绿色环保产业发展步伐。要大力发展高新技术产业，因为低端产业的发展是不可持续的。"十二五"以来，贵州高新技术产业产值保持了20%左右的年均增速，高于该省工业产值的增速。2016年贵州第一季度高新技术产业数据显示，从领域分布上看，规模排前三位的是装备制造业、民族制药和特色食品产业、化工产业，产值分别为1081.18亿元、420.3亿元、395.13亿元，占贵州省高新技术产业工业产值的比重分别为46.29%、17.99%和16.92%；增速排前三位的是节能环保产业、装备制造业、建材产业，分别为47.9%、34.4%和22.9%。要继续加大高新技术产业的发展，做大做强一批高新技术企业。二要加快发展以大健康为目标的医药养生产业，打造独具特色的医药养生基地。2014年以来，贵州新引进医药健康类产业项目285个，投资额861亿元。包括广药、国药、康恩贝、悦康药业、华大基因等一批国内医药行业领军企业纷纷进驻贵州。这些项目涉及制药、医疗、医疗保健、医疗器械等领域，助力贵州打造完整的大健康产业链。目前，加快培育以大健康为目的的医药养生产业成为贵州"五大新兴产业"新的经济增长点。三要加快发展以无公害绿色有机为标准的现代山地特色高效农业，建设全国绿色有机农产品供应基地。在稳定发展粮油烟产业的基础上，加快产业结构调整，大力发展特色优势产业，做强粮食产业、生态畜牧业、茶叶产业、蔬菜产业、烟草产业、马铃薯产业、精品果业、中药材产业和核桃产业9大类主导产业，做优特色食粮、油料产业、特色养殖业、特色渔业和林业特色经济5大类特色产业。四要发挥全域旅游资源优势，加快发展以民族和山地为特色的文化旅游业，大力发展山地新型旅游业态，打造以"多彩贵州·山地公园"为品牌的世界知名山地旅游目的地，建成山地旅游大省。

3. 改造提升、做大做强特色产业

立足贵州省发展阶段、产业基础和资源优势，加快对传统产业的信息化、服务化、绿色化改造，推进行业整合和品牌提升。加大推进煤、磷、铝、钢、锰等资源精深加工产业发展，加快建成全国重要的能源基地和资源深加工基地。深入实施军民融合发展战略，建立省级层面军民融合领导机构，依托军工基地的技术优势，发展壮大军民融合产业，积极打造军民融合创新示范区，建成以航空航天为重点的国家级装备制造业基地。深入贯彻落实《中国制造2025》，引导制造业向分工细化、协作紧密方向发展，促进高端数控机床、机器人、医疗器械、农业机械等产业发展壮大，打造一批高端化、智能化的"贵州制造"产品。大力推进酒、烟、茶、药、食品"五张名片"为重点的特色产业规模化，打造一批在国内外有影响力的"贵州品牌"。加快发展石材产业，培育石材交易市场，壮大一批石材产业基地。发挥水资源品质优势，大力开发天然饮用水系列产品，创建和保护一批天然饮用水贵州省名牌产品和著名商标，把饮用水发展成为重要优势产业。[①]

4.升级服务业

贵州要在促进一、二、三产业协调发展的基础上，大力发展现代物流、金融、科技研发、信息服务、节能环保等生产性服务业，把贵阳建设成为服务全省的物流中心和区域性的重要物流节点城市，将遵义、六盘水、毕节等建设成省域重要物流中心，将兴义、都匀、凯里、铜仁、安顺等建设成为区域性重要物流中心。大力发展第三方物流，促进物流业与制造业、商贸流通业的融合、联动发展，提高物流社会化、专业化程度。完善地方金融服务体系，加快证券市场、保险市场发展，支持和培育一批企业上市融资。加快发展信息服务业，大力培育和发展云计算、数据处理产业。推动节能环保服务业加快发展，推进会展、研发设计、软件服务、动漫创意等新兴服务业发展。建设一批服务业集聚区，促进科技研发、检验检测、现代物流、信息、商务、金融等集聚发展。大力发展生态文化产业。培育生态文化载体，实施生态博物馆和文化生态保护试验区建设项目。重点建设以民族博物馆和民族村镇为载体的苗族、布依族、侗族、彝族、水族等民族文化生态保护区，推进六枝特区梭戛苗族、花溪镇山布依族、雷山郎德苗族、黎平堂安侗族、三都水族等文化生态保护区建设，建设完善湄潭茶文化、印江合水传统造纸、乌当渡寨等生态博物馆。加强黔东南国家级民族文化生态保护试验

---

① 参考《贵州省委"十三五"规划纲要》。

区建设，积极将黔南水族文化、黔西南布依族文化、武陵山（黔东）苗族土家族文化、屯堡文化等生态保护实验区申报为国家级保护区。积极创建绿色企业、绿色社区、生态村等活动。

5. 大力发展循环经济

大力推进贵阳市、龙里县国家循环经济试点示范城市建设，推动六盘水市创建国家循环经济示范城市。推进产业废物综合利用和再制造产业化，发挥贵阳、遵义经济技术开发区国家园区循环化改造示范试点作用，加快全省园区循环化改造步伐，推动提高主要资源产出率，基本实现"零排放"。大力推进贵阳白云区国家"城市矿产"示范基地建设，推动铜仁市万山区创建国家"城市矿产"示范基地。大力发展循环农业，推广农业循环经济典型模式，推进农业清洁生产，实施农林废弃物综合利用重点工程，鼓励和发展秸秆食用菌、育苗基料、沼气、热解气化、固化成型、"炭气油"联产等新技术，推进秸秆综合利用，加强畜禽粪污资源化利用，以沼气工程和畜禽粪便收集处理中心为纽带，大力发展"猪—沼—果""猪—沼—茶"等循环农业模式。

第四章　云南省生态文明建设

　　云南地处长江上游，集通江、达海、沿边于一体，具有贯通南太平洋和印度洋，连接中国、东南亚、南亚三大市场的特殊区位优势，是我国面向南亚东南亚开放的重要门户，是长江经济带各省市走向东南亚、南亚的重要战略支点。作为长江干流的上游河段，金沙江在云南的流域面积达10.95万平方千米。云南拥有良好的生态环境和自然禀赋，作为西南生态安全屏障和生物多样性宝库，承担着维护区域、国家乃至国际生态安全的战略任务。

第一节　云南省生态资源概况

云南位于长江、珠江、澜沧江等国际国内重要河流的上游或源头，生态地位特殊，生物多样性丰富。同时，由于有广阔的森林覆盖面积、丰富的生物多样性，云南一直被誉为我国的"绿肺"。

1. 水资源

全省河川纵横，湖泊众多，水系发达。全省境内径流面积在100平方千米以上的河流有889条，分属长江（金沙江）、珠江（南盘江）、元江（红河）、澜沧江（湄公河）、怒江（萨尔温江）、大盈江（伊洛瓦底江）六大水系。红河和南盘江发源于云南境内，其余为过境河流。除金沙江、南盘江外，均为跨国河流，这些河流分别流入南中国海和印度洋。多数河流具有落差大、水流湍急、水流量变化大的特点。全省有高原湖泊40多个，多数为断陷型湖泊，大体分布在元江谷地和东云岭山地以南，多数在高原区内。湖泊水域面积约1100平方千米，占全省总面积的0.28%，总蓄水量约1480.19亿立方米。湖泊中数滇池面积最大，为306.3平方千米；洱海次之，面积约250平方千米；抚仙湖深度全省第一，最深处为151.5米；泸沽湖次之，最深处为73.2米。

2. 土壤资源

因气候、生物、地质、地形等相互作用，云南形成了多种多样土壤类型，土壤垂直分布特点明显。经初步划分，全省有16个土壤类型，占到全国的1/4。其中，红壤面积占全省土地面积的50%，是省内分布最广、最重要的土壤资源，故云南有"红土高原""红土地"之称。云南稻田土壤细分有50多种，其中，大的类型有10多种。成土母质多为冲积物和湖积物，部分为红壤性和紫色性水稻土。大部土壤呈中性和微酸性，有机质在1.5%～3.0%，氮磷养分含量比旱地高。山区旱地土壤约占全省的64%，主要为红土和黄土。坝区旱地土壤约占17%，主要为红土。旱地土壤分布比较分散，施肥水平不高，加之水土流失，土壤有机质普遍较水田低。常用耕地面积423.01万公顷。

3. 植物资源

云南是全国植物种类最多的省份，被誉为"植物王国"。热带、亚热带、温带、寒温带等植物类型都有分布，古老的、衍生的、外来的植物种类和类群很多。在全国3万种高等植物中，云南占60%以上，分别列入国家一、二、三级重点保护和发展的树种有150多种。云南森林面积为1817.73万公顷，居全国第3位，森林覆盖率为54.64%（含灌木林），活立木总蓄积量18.75亿立方米。全省共有自然保护区162个，其中，国家级自然保护区16个，省级自然保护区44个。自然保护区面积295.56万公顷，国家级自然保护区面积14.27万公顷，省级自然保护区面积88.31万公顷。云南树种繁多，类型多样，优良、速生、珍贵树种多，药用植物、香料植物、观赏植物等品种在全省范围内均有分布，故云南还有"药物宝库""香料之乡""天然花园"之称。

4. 动物资源

云南动物种类数为全国之冠，素有"动物王国"之称。脊椎动物达1737种，占全国58.9%；其中，鸟类793种，占全国63.7%；兽类300种，占全国51.1%；鱼类366种，占全国45.7%；爬行类143种，占全国37.6%；两栖类102种，占全国46.4%；全国见于名录的2.5万种，昆虫类中云南有1万余种。云南珍稀保护动物较多，许多动物在国内仅分布在云南。珍禽异兽，如蜂猴、滇金丝猴、野象、野牛、长臂猿、印支虎、犀鸟、白尾梢虹雉等46种均属国家一类保护动物；熊猴、猕猴、灰叶猴、穿山甲、麝、小熊猫、绿孔雀、蟒蛇等154种均属于国家二类保护动物；此外，还有大量小型珍稀动物种类。

5. 矿产资源

云南地质现象种类繁多，成矿条件优越，矿产资源极为丰富，尤以有色金属及磷矿著称，被誉为"有色金属王国"，是得天独厚的矿产资源宝地。云南矿产资源的特点：一是矿种全，现已发现的矿产有143种，已探明储量的有86种；二是分布广，金属矿遍及108个县（市），煤矿在116个县（市）发现，其他非金属矿产各县都有；三是共生、伴生矿多，利用价值高，全省共生、伴生矿床约占矿床总量的31%。云南有61个矿种的保有储量居全国前10位，其中，铅、锌、锡、磷、铜、银等25种矿产含量分别居全国前3位。

6. 能源资源

云南能源资源得天独厚，尤以水能、煤炭资源储量较大，开发条件优越；地热能、太阳能、风能、生物能也有较好的开发前景。云南省河流众多，全省水资源总量2256亿立方米，居全国第3位；水能资源蕴藏量达1.04亿千瓦，居全国第3位，水能资源主要集中于滇西北的金沙江、澜沧江、怒江三大水系；可开发装机容量约0.9亿千瓦，居全国第2位。煤炭资源主要分布在滇东北，全省现已探明储量240亿吨，居全国第9位，煤种也较齐全，烟煤、无烟煤、褐煤都有。地热资源以滇西腾冲地区的分布最为集中，全省有出露地面的天然温热泉约有700处，居全国之冠，年出水量约3.6亿立方米，水温最低的为25℃，高的在100℃以上（腾冲县的温热泉，水温多在60℃以上，高者达105℃）。太阳能资源也较丰富，仅次于西藏、青海、内蒙古等省区，全省年日照时数在1000～2800小时，年太阳总辐射量每平方厘米在376.73～627.88千焦。省内多数地区的日照时数为2100～2300小时，年太阳总辐射量每平方厘米为502.30～544.16千焦。

7. 旅游资源

云南以独特的高原风光，热带、亚热带的边疆风物和多彩多姿的民族风情闻名于海内外。旅游资源十分丰富，已经建成了一批以高山峡谷、现代冰川、高原湖泊、石林、喀斯特洞穴、火山地热、原始森林、花卉、文物古迹、传统园林及少数民族风情等为特色的旅游景区。全省有景区、景点200多个，国家级A级以上景区有百多处，其中列为国家级风景名胜区的有石林、大理、西双版纳、三江并流、昆明滇池、丽江玉龙雪山、腾冲地热火山、瑞丽江—大盈江、宜良九乡、建水等12处（截至2016年底）；列为省级风景名胜区的有陆良彩色沙林、禄劝轿子雪山等几十处。有昆明、大理、丽江、建水、巍山等国家级历史文化名城；有腾冲、威信、保山、会泽、石屏、广南、漾濞、孟连、香格里拉、剑川、通海等省级历史文化名城；有禄丰县黑井镇、会泽县娜姑镇白雾街村、剑川县沙溪镇、腾冲县和顺镇、云龙县诺邓镇诺邓村、石屏县郑营村、巍山县永建镇东莲花村、孟连县娜允镇等8座国家历史文化名镇名村；还有诸多省级历史文化名镇、省级历史文化名村和省级历史文化街区。丽江古城被列入世界文化遗产名录，三江并流、石林、澄江古生物化石群被列入世界自然遗产名录，红河哈尼梯田被列入世界文化景观遗产名录，等等。

 ## 第二节　云南省生态文明建设现状

由于独特的地理位置及地形条件，云南的自然保护极为重要，任务极其繁重，但2009年云南就作出了"关于加强生态文明建设的决定"，并提出了"坚持生态立省，环境优先，努力争当生态文明建设排头兵"的方针，同年就制定了到2020年的规划，包括十大工程23项考核指标。"十二五"期间，云南省共投入水土保持资金117.78亿元（其中长江流域投入36.38亿元，新增治理面积5780平方千米），加快推进以长江流域水土流失综合治理为重点的生态文明建设，积极开展"森林云南"建设，完成森林抚育1048万亩（1亩≈666.67平方米），森林覆盖率由52.9%提高到55.7%。

一、云南省生态文明建设措施

1. 实施了保护生态的多样工程

第一，实施"七彩云南保护行动"。早在2007年，云南就启动实施了"七彩云南保护行动"，开展了环境法治、环境治理、环境阳光、生态保护、绿色创建、绿色传播、节能降耗七大行动。通过这一行动，云南从源头上遏制破坏生态和污染环境行为的发生，加大环境治理力度，严格环境执法监督和加大舆论宣传力度，推进节能降耗和清洁生产，加快循环经济发展，促进全社会环保意识的增强。

第二，实施生物多样性保护十大工程。2008年以来，云南省持续开展以滇西北、滇西南为重点的生物多样性保护工作，累计投入资金近70亿元，实施了生物多样性保护十大工程，包括建成中国第一个国家级野生生物种质资源库——中国西南野生生物种质资源库，建立了云南省生物多样性保护基金会，成立了云南生物多样性研究院，并创建了中国大陆第一个国家公园试点——普达措国家公园，并成为中国首个国家公园建设试点省。

第三，进行湖泊治理。云南天然湖泊众多，为了保护好这些"高原明珠"，云南省确定了高原湖泊水环境综合治理"六大工程措施"。按照"一湖一策"的治理原则，开展以滇池为重点的九大高原湖泊保护工作。目前，云南省近70%的湖泊（水库）水质好于Ⅲ类水质标准。

第四，"森林云南"建设。"森林云南"建设也是云南省生态建设的一大亮点。云南省持续开展了天然林保护、退耕还林、营造林建设、集体林权改革、中低产林地改造等一系列工作，目标是到2020年使森林覆盖率提高到60%左右，活立木蓄积量达到20亿立方米以上，城市建成区绿化率超过40%。

同时，云南还在全国率先开展了低碳发展试点，积极发展太阳能、生物质能等清洁可再生能源，大力发展循环经济，努力形成节约资源、保护生态环境的经济发展方式和社会消费模式。

2. 抓法规制度建设

第一，制定了专门法规条例，成立了专项小组。除了《云南省环境保护条例》《云南省地质环境保护条例》《云南省矿产资源管理条例》《云南省城市市容和环境卫生管理实施办法》《云南省陆生野生动物保护条例》《云南省森林条例》《云南省清洁生产促进条例》等执行性地方立法外，云南省针对九大高原湖泊的污染问题，采用了"一湖一法"的特色性立法，分别制定了《云南省抚仙湖管理条例》《云南省祀麓湖管理条例》《云南省星云湖管理条例》《云南省阳宗海保护条例》《云南省滇池保护条例》《洱海保护条例》等地方性法规。2014年，云南省委专门成立了"生态文明体制改革专项小组"，有序推进各项改革工作。一年时间里，专项小组持续发力。通过了《云南省全面深化生态文明体制改革总体实施方案》，印发了《云南省大气污染防治行动实施方案》《云南省环境保护厅部门预算管理改革实施方案》《加强云南省县域发展各项规划对接工作的指导意见》等文件。起草了《云南省国家公园管理条例（草案）》《国家公园标识系统指南》《云南省自然保护区管理机构管理办法》《云南省生物多样性保护条例（草案）》和《云南省生态文明建设目标体系（送审稿）》，同时启动了生态保护红线划定研究工作。

第二，积极进行制度创新。积极开展生态环境损害责任终身追究相关问题的研究工作，对自然资源资产离任审计、任中审计的探索取得实质性成效。全面启动重要生态功能区转移支付。2015年9月省统计局召开《云南省限制开发区域和生态脆弱的国家级贫困县考核评价办法》（征求意见稿）专家评审会议。《云南省跨界河流、高原湖泊水质生态补偿试点方案》正在拟制；全省水务改革加快推进，建立了全省三级取水许可台账和取水信息库；等等。

第三，生态创建工作如火如荼。在狠抓制度建设的同时，云南省把生态创建作为推进生态文明建设的具体抓手。昆明市西山区、呈贡区、石林县、晋宁县、宜良县和西双版纳州景洪市、勐腊县、勐海县8个县市区被命名为第一批云南省生态文明县市区，实现了省级生态文明县市区零的突破。2014年全省已建成10个国家级生态示范区、85个国家级生态乡镇、8个省级生态文明县市区、328个省级生态文明乡镇、9个省级生态文明村。据统计，"十二五"期间，云南省绿色系列创建工作取得明显成效，省级层面共进行了4期绿色系列创建工作。云南省共有各级

各类绿色学校3182所，其中受国家表彰的绿色学校19所，省级绿色学校825所。绿色社区530家，其中受国家表彰的绿色社区7家、省级绿色社区261家。环境教育基地70个，其中省级环境教育基地54个，全省绿色创建工作呈现出健康发展、稳步推进的良好态势。

二、云南生态环境存在的主要问题

1. 森林、草地生态功能有退化趋势、水土流失严重

以《2006云南省环境状况公报》统计数据说明，云南省森林面积2273.56万公顷，森林覆盖率为59.3%。但森林面积的增加主要是人工林和中幼林面积的增加，作为保护生态环境最为重要的天然林及生态效益较为明显的成熟林仍在不断减少，森林资源总体质量仍呈下降趋势，森林的生态功能严重退化。以金沙江为例，在实施天然林保护工程前，湾碧、三台、桂花这些山区乡镇大多以木材采伐为主要的经济支撑，仅湾碧一个林场每年就要采伐近3万立方米的木材，木材会通过金沙江水运漂到下游。一到采伐季，金沙江上都是漂浮着的木材，沉掉的、坏掉的不计其数。森林资源的过度消耗给金沙江沿岸地区带来了严重的生态影响。几乎无林可砍，当时的金沙江流域，很多林场都面临着荒山的危险，由于缺乏足够的森林涵养水土，洪涝、滑坡、泥石流等自然灾害成为常态。全省天然草原面积2.29亿亩（可利用面积1.78亿亩），建植人工草地777万亩，退耕还草425万亩，局部地区草原生态环境有所改善，但就整体来讲，草原石漠化、退化现象日趋严重，草原生态恶化的现状和趋势还没有得到有效遏制。由于林草植被遭受破坏，云南省已成为全国水土流失最严重的省份之一，2012年数据显示，全省水土流失面积13.4万平方千米，占总土地面积的35%。全省年土壤侵蚀量5.1亿吨，是全国年流失土壤50亿吨的1/10。

2. 生物多样性面临危机

在自身演化以及人为干扰的因素下，即由于人口的增加、资源的滥用和环境

的急剧变化，云南省的生物多样性正迅速下降或灭绝。云南有559种鱼类记录，其中土著鱼527种，淡水鱼类记录种数全国第一。近年来，随着人工过度捕捞、环境污染以及外来物种的引入，许多游弋在江河湖泊中的云南土著鱼类消失殆尽。据统计，近年来在渔业水域环境变化和人类活动影响下，云南省约80%的湖泊鱼种类和60%左右的江河鱼种类处于濒危状态。以滇池土著鱼为例，滇池共有28种土著鱼，其中13种是特有种类，据中国科学院昆明动物研究所有关专家对滇池土著鱼的调查发现，目前，整个滇池流域只剩15种，在湖体仅剩5个物种（鲫鱼、泥鳅、黄鳝、乌鳢、云南鲴）还有少量个体得以存活。一些国家二级保护动物金线鲃、银白鱼几近濒危，中华倒刺鲃、多鳞白鱼、云南鲴等被列为绝迹的鱼类至少20年未出现过。

3. 高原湖泊污染严重

由于近年来湖区工农业生产的迅速发展，人口的高速增长，加上长期以来对湖泊资源的不合理开发利用，引起湖泊水位下降、湖面减小、水体污染严重、生物资源锐减等一系列生态环境问题。2015年，云南省环保厅发布了5月九大高原湖泊水质监测月报，抚仙湖、泸沽湖符合Ⅰ类标准，水质为优；洱海符合Ⅲ类水标准，水质为良好；阳宗海、程海符合Ⅳ类标准，水质轻度污染；滇池草海、滇池外海、异龙湖、杞麓湖、星云湖劣于Ⅴ类标准，水质重度污染。5月达到水环境功能和要求的仅有两个湖泊（抚仙湖、泸沽湖）。富营养化在一定程度上破坏了湖泊系统中各因子的原生作用，改变了系统的机构功能，湖泊的生态调节机制丧失。

4. 矿业污染日趋严重

云南省矿产资源十分丰富，在全国名列前茅。在矿产资源开发过程中存在严重的资源浪费和环境污染问题。一方面是在生产加工过程中，矿物资源消耗过大，综合开发、综合利用水平低，矿产资源的总利用率低。云南省矿藏又多共生矿，而在开采中，大多又是单一开采，由于开采利用率低，因而未被利用的那部分以及其他伴生矿均被作为"废物"排入环境。另一方面，掠夺式的开采方式造成矿产资源极度浪费并使生态环境受到严重破坏，特别是近年来乡镇、村办小矿及个体矿设备陈旧，工艺落后，更是乱采滥挖，"采富弃贫"，破坏资源、污染环境的情况更为突出。[①]如云南马关县产业结构不合理、矿产资源无序开采问题比较突出。矿业企业分散、规模小、治污水平低，矿产采选和冶炼过程中涉重金属废弃物处理不规范，偷排漏排情况时有发生，造成了都龙镇和南捞乡片区重金属污染严重。马关县境内的小白河是一条饱受重金属污染的河流，河道矿渣淤积最深处超过1米，河流水质曾一度降到Ⅳ类，最差时为Ⅴ类。

5. 荒漠化问题严重

云南地处云贵高原，地质构造特殊，是全国岩溶分布最广、石漠化危害程度最深、治理难度最大的省区之一，全省岩溶面积1109万公顷（居全国第2位），占全省39.4万平方千米土地面积的28%。岩溶地区石漠化已成为全省最为严重的生态问题，威胁着长江、珠江、澜沧江等国内、国际等重要河流的生态安全，制约着全省经济社会的可持续发展。荒漠化面积大、集中连片带来严重危害：一是森林植被稀缺，岩石裸露率高，生态极度脆弱，甚至丧失群众基本生存条件；二是严重缺水干旱导致人畜饮水困难，阻碍农牧业健康持续发展；三是水土流失严重，耕地资源、质量下降，农作物产量极低，影响群众生产生活；四是自然灾害频发，严重威胁当地群众的生命财产安全，贫困化加剧，阻碍贫困地区与全国同步建成小康社会；五是伴随着森林植被的减少，泉源、河流逐年干涸，自然生态系统受到破坏，严重影响野生动植物资源和生物多样性保护，危及国土生态和物种安全。[②]

6. 加快经济发展与资源承载能力矛盾突出

云南省经济发展主要依赖资源型产业，加大了资源环境的承载能力，而且资

①谢秋凌.云南省生态环境保护的现状及法律制度分析[J].云南大学学报（法学版），2008，21（1）.
②张伏全.治理石漠化建设彩云南[J].云南林业，2015（4）.

源能源利用率比较低，能耗处于全国较高水平，近2/3的工业产品能耗高于全国平均水平，发展经济与资源能源的承载力矛盾非常突出。

 ## 第三节　云南省推动长江经济带生态文明建设思路与主要路径

长江经济带云南区域涉及迪庆、丽江、大理、楚雄、昆明、曲靖、昭通等7个州市的40个县（市、区），流域面积10.95万平方千米。这一区域经济欠发达，生物多样性非常丰富，但生态环境十分脆弱，生态环境保护与经济发展的矛盾突出，生态保护的任务非常重。就全省而言，成为生态文明建设排头兵是习近平总书记考察云南时给云南省的三大定位之一，也出台了《云南省委省政府关于争当全国生态文明建设排头兵的决定》文件。在加快推进长江经济带云南区域建设的进程中，云南省要立足实际，以改善环境质量为核心，着力治理污染、加强监管，为推动区域经济转型和绿色发展增强动力。

一、加快建设主体功能区

以主体功能区规划为基础统筹各类空间性规划，推动城乡、土地利用、生态环境保护等规划"多规合一"和空间"一张图"管理，明确开发方向，完善开发政策，控制开发强度，规范开发秩序，逐步形成人口、经济、资源环境相协调的国土空间开发格局。对滇中等重点开发区域要积极推动提高产业和人口集聚度。制定和实行国家重点生态功能区产业准入负面清单。落实国家对农产品主产区和重点生态功能区的转移支付政策。加强资源整合，争取设立一批国家公园。以市县级行政区为单元，建立由空间规划、用途管制、领导干部自然资源资产离任审计、差异化绩效考核等构成的空间治理体系。

二、加强生态建设与保护

1. 加强水生态保护

加快云南长江上游石漠化、水土流失防治步伐，全面修复沿江生态环境，筑好长江上游生态安全屏障。金沙江流域原则上不再开发建设25万千瓦以下装机且不具有季节调节能力的中小水电站。对生态脆弱区域全面禁封保护，持续实施25度以下坡耕地水土流失综合治理和石漠化地区生态治理，利用卫星遥感等监控手段严格水土保持监督监测，通过产业拉动加速水土流失治理，发挥水土保持项目的综合效益。严控长江流域排污口设置，加快推进"一水两污"等城乡一体化系统建设；积极发展环保产业，推行环境污染第三方治理，提升重点行业和重点区域的污染治理水平。严格饮用水源保护，强化江河源头和水源涵养区生态保护。加强南盘江、元江、盘龙河、泚江、南北河等重点流域污染治理和环境风险防范，保障水环境安全。逐步消除滇池以及鸣矣河、龙川江、螳螂川等劣V类水体，恢复水体使用功能；加强以滇池、洱海、抚仙湖为重点的高原湖泊生态环境保护，实施控源、减排、治污、生态修复、加强管理等多种方式相结合的精准治湖，科学规范淡水养殖，严格入河（湖）排污管理，推进地下水污染防治。加大对出境跨界河流环境安全监测。

2. 构建西南生态安全屏障

保护重要生态功能区，提升重点环境功能区质量，保障城市人居生态安全，建设生态廊道，建立与经济发展总体布局相适应的生态安全格局。重点加强滇西北（横断山）、西双版纳、金沙江干热河谷（川滇干热河谷）、滇东南喀斯特（西南喀斯特地区）等国家重要生态功能区、重要江河源头及分水岭地带的保护与管理。切实维护和改善以九大高原湖泊等为重点的环境功能区质量。注重滇中城市群、产业集聚区等重点开发区域的生态建设与保护，筑牢由饮用水水源保护地、城镇面山、城市河道、城市绿地等为主构成的城市生态安全屏障，合理布局建设产业、城市、农村等不同发展组团间的生态用地空间，加强天然湿地生态系统保护和恢复。构建与六大水系、对外对内开放经济走廊、沿边对外开放经济带相适应的生态廊道体系。各地区根据本区域的生态安全保障需要，建立分级主体功能区、生态功能区、环境功能区保护体系。

3. 提高森林生态保护与建设水平

深入推进"森林云南"建设，提升森林质量和生态服务功能。"森林云南"建设是云南省委、省政府的一项战略决策，旨在通过全力构建生态安全屏障、着力改善生态环境、提升林产业基地建设水平、加快中低产林改造步伐、强化保障能力、创新体制机制6项举措，为构建生物多样性宝库和西南生态安全屏障奠定坚实基础。要加大森林生态系统保护，大力实施退耕还林及陡坡地生态治理、生物多样性保护、城乡绿化、防护林建设、天然林保护、低效林改造、石漠化治理、农村能源建设等工程，对25°以上陡坡地、特殊生态脆弱地区的坡耕地实施修复。优化公益林地布局，加大公益林管护力度，提高公益林地质量和生态功能。以六大水系、九大高原湖泊、大中型水库面山等为重点，实施生态治理和植被恢复，建立以保持水土、护坡护岸、涵养水源为主要目的的防护林体系。进一步抓好109家"森林云南"建设省级示范基地建设，科学实施造林工程，改进造林模式，培育健康森林，构建稳定的森林生态系统。

4. 加强生物多样性保护

加大以滇西北、滇西南为重点的生物多样性保护力度，开展生物多样性保护示范区和恢复示范区建设，加强与周边邻国的生物多样性保护合作。继续实施亚洲象、滇金丝猴、黑长臂猿保护行动计划，以及107个极小种群物种拯救保护项目。完善就地、迁地、离体保护体系，努力在重要物种、关键生态系统保护和生物资源可持续利用等方面取得重大突破。推进中国生物多样性博物馆建设。推进自然保护区管理体制改革，强化管理能力建设和标准化建设，合理规划自然保护区发展规模和布局。推进滇东南石灰岩植被、干热河谷植被、湿地植被等生态脆弱区生态系统功能的恢复重建。推进水土保持生态建设，加大重点区域

水土流失治理力度。控制物种及遗传资源的丧失流失，加强对生物物种资源出入境的监管。加强外来有害生物物种的防治，强化转基因生物体和环保微生物利用的监管，防控野生动物疫源、疫病。加强对各民族生物多样性保护传统文化和乡土知识的收集、整理、保护，充分发挥民族优秀传统文化在生物多样性保护中的作用。

三、促进资源节约循环高效使用

坚持节约优先，树立节约集约循环利用的资源观，调整产业结构，推进全社会节能减排，发展循环经济。

1.调整产业结构

严格环境准入，严禁建设不符合国家产业政策、严重污染水环境的生产项目。严格控制滇池、鸣矣河、螳螂川等水污染严重地区高耗水、高污染行业发展，新建、改建、扩建重点行业建设项目实行主要污染物排放减量置换。长江、珠江两大水系干流沿岸和滇池、阳宗海流域，要严格控制石化、化工、有色金属冶炼等项目环境风险，合理布局生产装置及危险化学品仓储等设施。大力发展高原特色农业，建设烟糖茶胶、花菜果蔬、畜禽水产、木本油料、林下经济等特色原料基地，打造有机、绿色及无公害优势特色农产品品牌。加速新型工业化，改造提升优势传统产业，提高轻工业比重，大力培育现代生物产业、光电产业、高端装备制造业、新材料、太阳能光热利用产业、环保产业等六大战略性新兴产业。促进服务业发展，提升传统服务业，发展物流、金融、信息咨询、科技服务等现代服务业，打造昆明古滇、曲靖三国、玉溪澄江帽天山古生物、楚雄元谋古人类、禄丰恐龙、文山广南地母、普洱茶祖、西双版纳南传上座部佛教、大理古都、巍山南诏等十大历史文化旅游项目，建设旅游文化产业新优势。

2.推进循环经济发展

确定环境经济发展重点领域，如根据《云南省循环经济发展规划（2011—

2015年）》，冶金、电力、（磷、煤）化工、建材、造纸、制糖等行业是发展工业循环经济优先领域，特别把冶金、电力、（磷、煤）化工3个突出领域作为优先发展的重点。将迪庆梅里雪山、西双版纳热带雨林等十大国家公园连同以自然生态系统为对象的生态旅游示范区，作为发展旅游业循环经济优先领域。九大高原湖泊及其流域是农业循环经济发展的重点区域。废旧金属、废纸、废塑料、废汽车及轮胎回收加工产业，是发展资源再生产业的重点领域。再生水的循环利用、电子废弃物回收加工产业、建筑废弃物重复利用及再生利用和无害化利用、污水处理厂污泥资源化利用，是发展城镇循环经济的重点领域。要支持不同行业、企业延伸耦合工业废弃物循环利用链，重点提高粉煤灰、磷石膏、冶炼废渣等主要工业固体废弃物的回收和循环利用率，推广利用工业固体废弃物作为水泥、新型墙体材料、有机肥料等的原料，做好大宗产业废弃物综合利用示范基地建设。提高大宗、短缺、稀贵金属等重要矿产资源的综合开发利用水平，加强金属及非金属共伴生、低品位、难选冶矿产资源的综合利用和深加工，加大对煤伴生矿产资源、煤泥、煤矸石、矿井煤层气综合利用力度。发展再生资源回收利用产业，实施城市生活、建筑垃圾综合利用项目，建立健全废弃电器电子、轮胎、汽车等大类产品规范化回收体系。推进产业园区能源梯级利用、废物交换利用、水资源分类使用和循环利用、污染物集中处理，实现循环化发展。

3. 促进能源节约

建立以低碳排放为特征的产业体系。调整和优化能源结构，大力发展无碳和低碳能源，不断提高可再生能源消费比重，把云南建设成为国家重要的低碳能源基地。推进节能改造、节能产品惠民、合同能源管理推广、太阳能综合利用示范、节能技术产业化示范和节能能力建设等工程建设。继续抓好工业领域节能，大力推进建筑、交通、农业和农村等领域节能工作，推动低碳旅游与节能服务业发展。宣传践行低碳理念，倡导低碳生活，推行低碳办公，促进低碳消费。做好低碳试点省工作。

4. 保障水资源可持续利用

落实最严格的水资源管理制度，确立水资源开发利用控制、用水效率控制、水功能区限制纳污"三条红线"，严格实行用水总量控制，强化水资源统一调度。建设节水型社会，培育节水型生产和消费模式，破解水资源水环境约束。推进工业循环用水、农业节水灌溉、再生水利用、城镇供水系统节水改造、节水器具推广等节水重点工程。加强工业节水，发展高效节水农业，建设节水型城镇，强化供、用、排全过程节水，全面提高水资源利用效率。滇中等重点区域要制定严格用水限额和企业水耗标准，加强用水计量与监督管理，加大重点行业节水监管力度，健全水资源定价机制，完善城市旱时供水调节机制。深入广泛开展节水宣传，提倡"一水多用"，宣传节水示范及典型，推动节水型社会建设。

5. 加强土地资源节约集约利用

坚持最严格的耕地保护和节约集约用地制度，严格控制非农建设占用耕地尤其是坝区优质耕地，保护好基本农田，稳定耕地和基本农田的数量和质量，确保耕地占补平衡。加强土地整治，加大中低产田地改造力度，推动高标准农田建设，提高耕地生产力。严格执行林地定额管理，控制工程项目占用林地。加强建设用地空间管制，优化工矿用地结构和布局，重点保障民生、交通、能源、环保、水利、旅游等基础设施用地，限制产能过剩行业、高能耗、高污染项目用地需求，推进产业集聚区发展。继续推进"国土资源节约集约模范县"创建活动。积极推行节地型和紧凑型城镇、村更新改造和建设用地整理，提高土地利用效率。引导城镇用地内部结构调整，控制生产用地，保障生活用地，提高生态用地比例。用足、用活国家低丘缓坡开发利用试点政策，积极推进"工业上山、城镇上山"。积极盘活存量建设用地，鼓励开发城市地上地下空间，挖掘各类闲置土地、低效土地和废弃土地的利用潜力。对使用未利用土地的建设项目用地，出让时可按土地成本价给予优惠。

四、建立城乡宜居环境

统筹城乡环境保护，实施城市环境管理的分类指导。要根据城市的自身特点和发展水平，因地制宜地制定环境保护战略。经济发达的城市应逐步采取"环境优先"的总体方针，在环境保护上高标准、严要求，积极争创环境保护模范城市和生态城市；正在快速发展中的中小城市要将环境保护规划放在重要位置，注重在发展中保留传统的自然和人文特色，使城市环境基础设施建设与城镇经济和建设同步发展。

推进城乡人居环境综合治理。以点带面，推进农村环境综合整治，实施重点片区集中连片整治和试点示范工程。防治农业面源污染，优先加强饮用水源地、湖泊流域、江河源头等环境敏感区域清洁农业和生态乡镇建设，加强生态河道建设和农村沟塘综合整治，加大规模化畜禽养殖场污染防治力度。强化工业污染源监管及治理。全力改善农村住房条件，着力推进西盟、孟连等边境民族特困地区农村安居工程建设，统筹农村危房改造和抗震安居工程、扶贫安居工程、棚户区改造、易地扶贫搬迁等项目，加大农村D级危房改造，集中力量解决农民安居问题，优先推进建档立卡扶贫对象的住房建设。把生态理念融入城镇建设，推行绿色建筑、低能耗、生态化基础设施建设，减轻城镇化对生态环境的影响。

加强重点领域、区域环境污染防治。继续推进有色、钢铁、化工、建材、造纸、制糖等行业污染防治，强化结构减排，细化工程减排，加强监管减排。加快淘汰落后产能，合理控制能源消耗总量，降低能源消耗和污染物排放强度，使二氧化硫、化学需氧量、氨氮、氮氧化物主要污染物排放指标控制在国家确定的目标范围内。进一步加强九大高原湖泊水污染防治。建立健全空气环境质量监测评价和联防联控体系，加强重点城市、产业集聚区、工业城镇等区域大气污染预防及控制。积极推进重金属污染重点防控区、行业和企业的集中治理。加强对重金属、核辐射、危险废弃物、危险化学品及持久性有机污染物的监控和防治。加强环境风险管理，完善环境风险与事故应急体系，提高环境突发事件应急处置能力。①

---

①参考《云南省委省政府关于争当全国生态文明建设排头兵的决定》。

第五章　四川省生态文明建设

　　四川位于中国大陆西南腹地，东部为川东平行岭谷和川中丘陵，中部为四川盆地和成都平原，西部为川西高原，与重庆、陕西、贵州、云南、西藏、青海、甘肃诸省市交界，是国宝大熊猫的故乡。四川是全国生态大省，也是全国生态文明建设优先区，作为长江、黄河上游重要的水源涵养地和补给区，四川被誉为"重要的绿色生态屏障"，也决定了四川在整个中国生态安全格局中的重要地位。

第一节　　四川省生态资源概况

四川位于亚热带范围内，由于复杂的地形和不同季风环流的交替影响，气候复杂多样。东部盆地属亚热带湿润气候；西部高原在地形作用下，以垂直气候带为主；从南部山地到北部高原，由亚热带演变到亚寒带，垂直方向上有亚热带到永冻带的各种气候类型。复杂多样的气候类型，使得四川生态资源丰富，同时也有利于全面发展四川经济，特别是农业生产。

1. 土地资源

四川地域辽阔，土壤类型丰富，垂直分布明显。平原、丘陵主要为水稻土、冲积土、紫色土等，是全省农作物主要产区。高原、山地依海拔高度分别分布不同土壤，其中多数有利于不同作物的生长。

2. 水和水能资源

四川省水资源丰富，居全国前列。水能技术可开发量1.1亿千瓦，占全国的26%，居全国首位，是中国最大的水电开发基地。全省多年平均降水量约为4889.75亿立方米。水资源以河川径流最为丰富，境内共有大小河流近1400条，号称"千河之省"。水资源总量共计约为3489.7亿立方米，其中，多年平均天然河川径流量为2547.5亿立方米，占水资源总量的73%；上游入境水942.2亿立方米，占水资源总量的27%。还有地下水资源量546.9亿立方米，可开采量为115亿立方米。境内遍布湖泊冰川，有湖泊1000多个、冰川200余条和一定面积的沼泽，多分布于川西北和川西南，湖泊总蓄水量约15亿立方米，加上沼泽蓄水量，共计约35亿立方米。充足的水资源蕴藏巨大的水能资源，主要河流多流经峡谷，汹涌湍急，形成优质能源。全省水能蕴藏量占全国的1/5，其中可开发的有9200多万千瓦，居全国首位。特别是金沙江、雅砻江、大渡河，约占全省水力资源的2/3，可建1万千瓦以上的水电站的站址有200多处，百万千瓦以上水电站的站址有20多处。四川的地下热水资源也非常丰富，全省发现温泉（群）354处，地下热水钻孔114个。在众多的温泉中，水温90℃以上的沸泉群1处，60～90℃的高温泉40处，40～60℃的中温泉134处，水温25～40℃的低温泉119处。四川的地下热水及地热能开发利用有广阔的前景。

3. 矿产资源

四川是中国矿产资源丰富的省份之一。现已发现矿产123种，已知矿产132种，占全国总数的70%。32种矿产保有储量居全国前5位，钒、钛、锂、银、硫铁矿、天然气等11种矿产储量居全国第一。钛储量占世界总储量的82%，钒储量占世界总储量的1/3，天然气储量7万亿立方米。据不完全统计，除石油、天然气外，有矿产地5712处，其中矿床1153处，大、中型矿床491处。

4. 生物资源

四川是全国乃至世界珍贵的生物基因库之一，高等植物近万种，占全国总数的1/3，是中国三大林区之一；天然中药材达4500余种，是全国最大的中药材基地。其中：

植物资源：四川地处亚热带，加以地貌和气候多样，植物种类极为丰富。全省维管束植物种属约占全国的1/3。全省森林面积746万公顷，是全国第二大林区——西南林区的主体部分，长有许多珍贵树种。森林多分布于江河中上游，具有极重要的水源涵养和水土保持效益。全省有天然草地1638万公顷。资源植物在4000种以上。

动物资源：四川幅员辽阔，且受冰川大面积破坏性的影响较小，现代生态环境优越，动物资源丰富，种类繁多。仅脊椎动物就有1100余种，占全国的40%，其中列入国家保护的珍稀动物有55种。举世闻名的大熊猫，主要生息于四川境内4个山系的36个县和保护区内。在全省已知的脊椎动物中，一半以上的种类有明显的经济意义。

5. 旅游资源

四川山水名胜、文物古迹、民族风情兼备。峨眉山、青城山、九寨沟黄龙、兴文石林等都以其独特的自然风光引人入胜。都江堰、剑门蜀道则是人工改造自然的辉煌成果。乐山大佛（位于四川乐山东面凌云山西壁），是世界最大的石刻佛像。与著名历史人物有密切关系的景点有王建墓、刘备墓与武侯祠、杜甫草堂、望江楼公园。自贡是"恐龙窝"，为恐龙化石集中产地。卧龙自然保护区因大熊猫而为世界瞩目。成都青羊宫花会、凉山彝族火把节、川西北藏族转山会等，都是民俗旅游的重点。

 第二节　四川省生态文明建设现状

党的十八大以来，四川坚持把生态文明建设融入经济社会发展全过程和各方面，将全面建成长江上游生态屏障作为四川全面小康的重要指标，突出重点，集中攻坚，不断夯实建设生态文明美丽四川、推动"绿色化"发展的生态基础。

一、四川省生态文明建设取得的成就

1. 坚持重点工程引领，生态屏障物质基础不断夯实

四川省充分发挥重点生态工程的主导引领作用，系统推进长江上游自然生态保护修复，近两年新增森林面积358.6万亩、森林蓄积3285万立方米，2016年森林覆盖率达到36.88%，高出全国平均水平14.95个百分点。一是突出抓好天然林资源保护。四川水系众多，天然林与水资源具有很强的地域同构性。坚持把天然林保护放在维护生态和水安全的战略高度，全面禁止天然林商品性采伐，全面保护全省2.44亿亩天然林（包括天然起源商品林），大力开展人工公益林建设、天然林抚育更新，并将省级集体公益林生态补偿标准提高到每年每亩15元，实现

国家级与省级补偿标准并轨，省级财政年增加补偿资金5200多万元，其中成都市补偿标准高达30元每年每亩。二是巩固扩大退耕还林成果。统筹兼顾生态改善和农民增收，大力发展特色种养、林下经济、乡村生态旅游等产业，持续巩固全省1336.4万亩退耕还林成果。坚持以人为本，尊重农户意愿，继续在汶川和芦山地震灾区、水土流失和土地沙化严重等生态脆弱地区实施25°以上坡耕地退耕还林，启动实施新一轮退耕还林65万亩，占全国2014年度任务的13%。全省退耕还林工程年涵养水源44亿吨，减少土壤侵蚀696万吨，生态服务价值1106.89亿元。三是加强重点生态功能区建设。实施川滇森林及生物多样性、秦巴生物多样性和大小凉山水土保持及生物多样性等生态保护工程，加强大熊猫、川金丝猴等极度濒危野生动物及康定云杉、西昌黄杉等一批极小种群野生植物的拯救性保护，推进自然保护区、森林公园、湿地公园等点状典型生态系统建设，建成国家级林业自然保护区、森林公园、湿地公园77个，唐家河自然保护区入选全球首批23个最佳管理保护地绿色名录。同时，大力实施石漠化和沙化土地治理、川西藏区生态保护与建设、地质灾害和水土流失综合治理等生态工程，芦山地震灾区恢复震损林地30.8万亩、大熊猫栖息地8.26万亩。"十二五"期间，非公有制经济主体年均造林面积超过200万亩，占全省年均造林量的2/3；5年累计治理沙化土地28万亩。

2. 大力发展绿色产业，生态经济效益明显

围绕建设长江经济带，坚持"绿水青山就是金山银山"理念，大力发展特色生态产业，推动生态资源向绿色增长、绿色财富转化，全省林业总产值、农民人均林业收入分别突破2300亿元、1000元，提前完成"十二五"规划目标。一是打造长江干流竹业经济集群。以川南泸州、宜宾两大竹资源大市为主体，培育竹林800万亩、竹企业600家，发展竹浆造纸、竹笋加工、竹旅游、竹编、竹工艺产业，实现年竹业产值140亿元。二是打造长江北部支流特色经济林集群。在川东、川北的沱江、涪江、嘉陵江、渠江等支流，建立特色经济林基地2050万亩，发展核桃、油橄榄、木耳、杜仲、银杏等特色经济林果业，实现年产值300亿元。

三是打造岷江中下游林板家具产业集群。在成都平原地区建成工业原料林基地340万亩，培育木竹加工企业1900余家，年产家具1400万件（套），年销售收入170亿元，林业板式家具产销量居全国首位。四是打造金沙江中下游亚热带林果经济集群。在川西南金沙江、雅砻江、大渡河下游干支流，发展芒果、石榴、核桃、油橄榄、青花椒等经济林果850万亩，积极发展"生态型阳光康养"产业，实现年产值80亿元。五是打造川西长江源头生态旅游集群。在金沙江、雅砻江、大渡河、岷江上游干支流及源头地区，发展特色森林生态旅游，年接待游客960万人次，实现旅游直接收入90亿元。

3. 把生态资源保护融入城镇化建设

近年来，四川省各地在园林城市建设过程中，高度重视城市生态文明建设，积极开展园林城市、园林县城创建活动，提升了城市形象。截至2014年底，四川省已有12个国家园林城市、3个国家园林县城、2个国家园林城镇。

4. 生态屏障体制机制更加健全

四川省突出生态建设体制机制改革，强化生态保护依法治理，依靠更加健全完善的法制体系和生态保护修复制度体系建设长江上游生态屏障。一是完善生态保护法制体系。在制定落实《四川省天然林保护条例》《四川省退耕还林条例》的基础上，颁布实施了《四川省湿地保护条例》《四川省森林防火条例》《四川省野生动植物保护条例》等法规。持续保持高压态势，建立联合综合执法机制，省委政法委牵头8个部门开展打击破坏森林和野生动植物资源违法犯罪的"亮剑行动"。二是构建生态保护空间格局。出台《四川省主体功能区规划》，划定限制开发的重点生态功能区31.8万平方千米，省级以上禁止开发区域11.5万平方千米，分别占全省幅员的65.4%和23.6%。发布《四川省林业推进生态文明建设规划纲要》《四川林业生态红线划定报告》，划定全省森林红线2.7亿亩、林地红线3.54亿亩、湿地红线2500万亩、沙区植被红线1320万亩。三是健全生态保护修复机制。出台《完善生态脆弱地区生态修复机制专项改革方案》，着力系统推进沙化土地、退化湿地、石漠化土地、干旱干热河谷和地震灾区生态修复。将森林覆盖率纳入县域经济发展考核，启动了省级湿地补偿试点。加快推进国有林场改革，41%的国有林场明确公益属性纳入地方财政全额预算管理。四是深化集体林权制度改革。出台《四川省完善和深化集体林权制度改革方案》，建立完善集体林权流转、抵押贷款、专合组织培育、森林保险等管理办法，探索建立林地经营权流转证、经济林木（果）权证等制度。全省累计流转林地1912万亩、金额39.4亿元，抵押林地486万亩、金额89亿元。①

按照规划，在"十三五"期间，四川长江上游生态屏障建设努力实现全省林地保有量控制在3.54亿亩以上，森林蓄积量达到18.1亿立方米，森林覆盖率达到37%；湿地保有量控制在2500万亩以上；治理和保护恢复植被的沙化土地面积不少于800万亩；林业自然保护区面积保持在1亿亩以上；现代林业产业基地达到3000万亩，实现林业总产值5000亿元，农民人均林业收入超过1600元。

二、四川省生态文明建设存在的问题

1. 土壤侵蚀和土地退化严重

2014年《四川省土壤污染状况调查公报》，公布了四川省首次土壤污染状况调查的主要成果。调查结果显示，四川省部分地区土壤污染问题较突出；镉是土壤污染的主要特征污染物；高土壤环境背景值、工矿业和农业等人为活动，是造成土壤污染的主要原因。全省土壤环境状况总体不容乐观，攀西地区、成都平原区、川南地区的部分区域土壤污染问题较突出。从超标情况看，全省土壤总的点位超标率为28.7%，其中轻微、轻度、中度和重度污染点位比例分别为22.6%、3.41%、1.59%和1.07%。

---

① 佚名. 四川加快推进长江上游生态屏障建设［EB/OL］. 成都：四川省人民政府网，2015［2015-05-25］. http://www.sc.gov.cn/10462/10464/10465/10574/2015/5/25/10336943.shtml.

2. 耕地减少，人地关系紧张

根据第二次调查耕地数据，人均耕地从1996年（省统计年鉴户籍人口8215.4万）的1.21亩降到2009年（省统计年鉴户籍人口8984.7万）的1.12亩，低于全国人均耕地1.52亩，明显低于世界人均耕地3.38亩水平。四川省人均耕地少、耕地质量总体不高、耕地后备资源不足的基本省情没有变化。随着人口继续增长，人均耕地还将继续下降，耕地资源约束趋紧。同时，许多地方建设用地增速较快、用地效率不高、格局失衡的阶段性特征明显，建设用地供需矛盾仍很突出。

3. 森林资源不适于生态建设要求

毁林开荒、过量采伐，四川森林覆盖率下降较快。近十年来，虽然通过狠抓植树造林、绿化荒山，森林覆盖率有所提高，截至2015年底，四川省森林覆盖率达到36.02%，高出全国平均值。但是，林下灌木、草本植物很少，地表裸露，大大降低了蓄水保土、涵养水源、净化空气、保护生物多样性等生态功能，加剧了自然灾害造成的损失。草原退化与生物灾害依然严重。2014年全省退化草原面积15646.1万亩，占全省可利用草原面积的59.0%，较上年下降5.5个百分点。其中草原鼠虫害面积5661万亩（其中鼠害4486万亩，虫害1175万亩），毒害草分布面积9400.7万亩（其中紫茎泽兰面积1368.1万亩），牧草病害面积279.4万亩，草原沙化面积305万亩。

4. 水资源问题

水是生存之本、文明之源、生态之要。四川境内流域面积100平方千米以上的河流1368条，素有"千河之省"的美誉。但是，水资源时空分布不均、水资源调控能力不足、水资源利用效率不高、水土流失严重、局部地区水资源短缺严重。据统计，全省17个市人均水资源在缺水上限3000立方米以下，其中12个城市在1700立方米的缺水警戒线以下。①全省水土流失面积为12.1万平方千米，占全省

---

①李慧.推进四川生态文明建设研究［J］.四川行政学院学报，2012（4）.

幅员面积的25%。四川地区降雨强度大是水土流失及造成大规模泥石流、滑坡、塌崖的动力条件，西南地区山多坡陡，坡面侵蚀力大也是造成水土流失的原因。四川脆弱的生态环境、频繁的自然灾害，已经严重地影响到三峡库区安全，以及长江中下游地区的社会安定和经济繁荣，制约着长江流域经济的可持续发展。一方面，四川省多山多雨，植被稀少，伴随暴雨产生的山洪及泥石流等山地灾害成为主要灾害，对公路和铁路危害严重。另一方面，四川的山地和丘陵主要由石灰岩、花岗岩、玄武岩及各种变质岩构成。石质坚硬，土层浅薄，一旦流失则岩石裸露，土地石化，生物多样性减少，水生态失调，土地荒漠化、盐渍化突出。[①]

5. 区域性贫困与生态保护矛盾

四川省地处西部，是全国贫困人口数量较大的区域，贫困问题比较突出。2014年统计，四川省有36个国家级贫困县。2015年，四川省农村贫困人口有497.65万人，贫困发生率为7.7%。贫困人口主要集中分布在川西北江河源区、川西高山高原区、盆周部分山区。区域性贫困问题和生态脆弱环境问题叠加在一起，特别是居住在高寒山区及江河源头区的少数民族的生存和生态保护的矛盾尖锐。

6. 四川的产业结构不够优化，对生态文明建设构成制约

四川省三次产业结构还不够优化，产业整体水平不高，工业仍以劳动密集型、资源加工型产业为主，大多处于产业链中低端，2013年，全省原材料工业比重达38.9%，高耗能产业比重达35.6%，先进制造业比重仅为22%。四川省的科技产业高新技术企业发展势头也不够强。建设生态文明既要在全社会加强生态伦理教育，梳理生态文明观念，更要在产业结构发展方式和消费模式等经济社会领域有所突破，形成节约能源资源和保护生态环境的产业结构。四川省产业结构不优，不利于环境的进一步优化。

---

①廖斌. 四川省生态屏障建设与环境资源保护法制思考［J］. 科技与法律，2004（4）：118-123.

第三节 四川省推进长江经济带生态文明建设思路 与主要路径

根据四川省《贯彻国务院关于依托黄金水道推动长江经济带发展指导意见的实施意见》，要努力将四川建设成为推动长江经济带发展的战略腹地和重要增长极、促进长江经济带与丝绸之路经济带联动发展的战略纽带和重要依托、保障国家安全和维护民族团结的战略前沿和生态屏障。在推动长江经济带生态建设上，要坚持生态优先、绿色发展，构建科技含量高、资源消耗低、环境污染少的产业结构和生产方式，倡导勤俭节约、绿色低碳、文明健康的生活方式和消费模式，建立健全生态文明制度体系，全面推进生态省建设。全省努力实现森林覆盖率要达到37%以上，市、县建成区绿地率达到35%以上，长江、岷江、沱江、金沙江和嘉陵江流域水质优良比例达82%以上，建成长江上游生态屏障，构筑生态文明新家园。

一、加快建设主体功能区

坚持实施主体功能区制度，构建科学合理发展空间格局。四川地形地理条件复杂，有平原、有丘陵、有山地、有高原，不同区域资源环境承载能力不同，必须明确差异化发展定位，实现经济效益、社会效益、生态效益的有机统一、同步提升。成都平原、川南、川东北和攀西地区的89个县（市、区），以及与之相连的50个点状开发城镇，占全省面积20.7%的重点开发区域要积极推进新型工业化城镇化，进一步提高产业和人口集聚度，优化土地利用结构，增加生活空间，拓展生态空间。盆地中部平原浅丘区、川南低中山区和盆地东部丘陵低山区、盆地西缘山区和安宁河流域五大农产品主产区要严守农业空间和生态空间保护红线，继续限制大规模高强度开发，提高农产品生产能力。若尔盖草原湿地生态功能区、川滇森林及生物多样性生态功能区、秦巴生物多样性生态功能区等重点生态功能区要以保护和修复生态环境、提供生态产品为首要任务，严控开发活动，着力建设国家公园，保护好珍稀濒危动物，保护好自然生态系统的原真性和完整性。

二、实施生态建设与环境保护

坚持开展绿化全川行动，增强自然生态系统服务功能。绿化全川行动具体为，推进有山皆绿，大力开展植树造林，加快宜林荒山、荒坡、荒滩造林，充分利用不适宜耕作的土地。推进重点补绿，推进建设长江经济带绿色生态廊道，加强沙化、石漠化治理，加强湿地和野生动植物保护。推进身边增绿，推进森林城市、森林城镇建设，切实改善城乡人居环境，要用 5 年左右时间，实现全四川地绿山青、应绿尽绿，人民群众对绿化的获得感和满意度显著提升。要继续实施沿江天然林资源保护工程，对2.66亿亩国有森林和集体公益林实施常年有效管护，巩固退耕还林成果1336.4万亩，实施天然草原退牧还草和新一轮退耕还林还草工程。重点抓好若尔盖、川滇、秦巴、大小凉山等4大重点生态功能区建设，切实加强长江、金沙江、嘉陵江、岷江、沱江、雅砻江、涪江、渠江等八大流域生态保护，大力实施水土流失及石漠化治理、退耕还林还草等工程，构建"四区八带多点"的生态安全格局。大力推进川西藏区生态保护与建设工程，完成退化草地和沙化土地治理102万公顷。着力构建新型绿色城镇体系，推进"多规衔接"，科学布局城市群、城市内和城市周边绿地系统，积极推动城市湿地公园、山体公园和绿廊绿道建设，抓好遂宁国家海绵城市建设试点以及5个地级城市、10个县级城市省级海绵城市试点和省级海绵城市项目示范建设，保护好城市生态水系，让城市生活更加贴近生态自然。扎实推进幸福美丽新村建设，坚持"小规模、组团式、微田园、生态化"，全面推进山水田林路综合治理，实施农村环境整治行动，健全农村垃圾分类、收集、运输、处理机制，加强农村面源污染和河渠沟塘治理，做到"房前屋后、瓜果梨桃、鸟语花香"，展现美好田园风光。[1]

---

①王东明. 坚持绿色发展 建设美丽四川［J］. 瞭望，2016（3）.

坚持打好污染防治攻坚战，不断提高生态环境质量。良好生态环境是最普惠的民生福祉。2016年审议通过的《关于推进绿色发展建设美丽四川的决定》，提出将紧紧围绕大气、水体、土壤污染防治的"三大战役"，力争用5年时间基本解决全省突出环境问题。根据5年计划，在大气污染防治攻坚方面，大力实施减少工业污染物排放、抑制城市扬尘、压减煤炭消费总量、治理机动车船污染和控制秸秆焚烧等五大工程，实现全省60%以上市（州）政府所在城市PM$_{2.5}$年均浓度达国家标准。在水污染防治方面，全面完成103条黑臭水体治理目标，对岷江、沱江全流域实行"特别排放限值管理"；在土壤污染防治方面，重点抓好土壤环境监测预警基础工程、土壤污染分类管控工程和土壤污染治理与修复工程，力争保持全省土壤环境总体稳定。通过全面打响大气、水、土壤污染防治"三大战役"，让老百姓呼吸上清新的空气、喝上干净的水、吃上放心的食物。

三、构建生态经济体系

绿色低碳循环发展，是当前科技革命和产业变革的方向，是最有前途的发展领域，也是四川推动转型升级的重要路径选择。

1. 加快发展循环经济

建设西南再生资源产业园、绵阳再生资源产业园等国家"城市矿产"示范基地，推进广安、达州经开区等国家循环化改造试点园区建设，建设成都、绵阳、南充等国家餐厨废弃物资源化利用和无害化处理试点城市及广元等国家生活垃圾分类试点城市，开展省级循环经济试点示范。

2. 大力发展清洁能源产业

必须着力把生态优势转化为经济优势，进一步从绿色端推进供给侧结构性改革，落实中美2+2《合作备忘录》，积极发展水电、风能、太阳能，打造国家重要的清洁能源基地。以金沙江、雅砻江、大渡河"三江"水电开发为重点，优先建设龙头水库电站，加快建设乌东德、白鹤滩、两河口、双江口等一批大型水电项目，建成全国最大水电开发基地。科学有序推进风能、太阳能等新能源开发。加大川东北、川中及川西特大型、大型气田勘探开发，建成全国重要天然气生产基地。创新页岩气勘探开发模式，积极推进长宁—威远、富顺—永川、昭通（筠连、叙永、古蔺）等重点区块的勘探开发，建设川南国家级页岩气勘查开发试验区。以筠连、古叙国家规划矿区为重点，加大煤层气勘探开发，建设矿区资源综合协调开发利用示范区。同时，探索建立碳排放权交易平台，加快建设西部碳排放权交易中心。

3. 大力发展节能环保型产业

加强产业发展导向，根据国家产业政策，综合运用财政、税收、价格、生产要素配置等手段，优先发展低能耗、低污染、高附加值产业，遏制高耗能、高污染和产能过剩行业盲目扩张。稳步推进淘汰落后产能工作。

4. 建设生态工业

以生态化为准则，坚持走新型工业化道路。首先要坚持生态文明循环经济理念，推行清洁生产。坚持技术创新提高生态工业科技含量。其次树立生态工业品牌，实施品牌战略，挖掘生态工业发展潜力。突出工业，污染治理扩大工业综合效益。发展生态工业，尤须加强人才培育，重视企业的技术改造，加大科技创新的力度。推动产业高端化发展，实施"中国制造2025四川行动计划"，大力推进战略性新兴产业发展，集中力量发展壮大新一代信息技术、航空航天与燃机、高效发电和核技术应用、高档数控机床和机器人、轨道交通装备、节能环保装备、新能源汽车、新材料、生物医药和高端医疗设备、油气钻采与海洋工程装备等先进制造业。突破关键技术，发展重点产品，培育优势企业，抢占产业发展竞争制高点，形成产业发展新引擎，加快建设先进制造强省。坚持调整存量和优化增量并举，加快发展电子信息、装备制造、汽车制造、食品饮料等传统优势产业，推动制造业转型升级和核心竞争力提升，形成全省重要的产业支撑。加快冶金、建材、化工、轻工、纺织、制药等传统产业技术改造和淘汰落后产能。

5. 建设高效优质，环保型生态农业

第一，调整优化产业结构。加快现代农业、畜牧业、林业、渔业重点县建设，着力构建现代农业产业体系。优化粮经饲结构，加快建设粮经复合现代农业产业基地，集中打造盆周丘陵山区茶叶产业、龙门山脉红心猕猴桃、成都平原稻菜轮作、盆周山区高山蔬菜、长江上游晚熟柑橘、攀西晚熟芒果、川南竹产业、盆周山区和攀西地区木本油料产业等优势产业带。第二，坚持规划引导，鼓励各地因地制宜发展生态农业。鼓励农业废弃物能源化、资源化、利用鼓励各地因地制宜发展生态农业产业。如四川省姚渡镇大力发展现代生态农业，先后建起了"亿丰农林现代农业园区"和姚渡"食用菌专业合作社"等，带动了全镇生态农业的快速发展，大大提高了农业的附加值，推进了农业现代化、规模化经营，加快了农产品的科学化、标准化和品牌化。第三，坚持科技创新，实现生态农业技术的突破。依靠科技、组织实施好特色生态农业产业、绿色农产品认证、农产品安全生产等重点项目，围绕四川省新农村示范片重点建设一批生态农业示范园区，推动四川生态农业快速健康发展。

6. 发展生态服务业

推进和优化各类服务业，从各个领域、各个层面、各个环节服务环境保护，形成有利于生态文明建设的社会服务体系。发展现代服务业，改造传统商贸流通服务业，降低商贸流通服务业一次性消费品的使用量；加强对废气废水固体废弃物和商业垃圾的处理，提高商用"三废"和废旧物资回收利用水平。控制耗水高耗能的洗浴业、洗车业、洗染业等增长速度，建立与水资源供给能力相适应的商贸流通服务业生产经营体系。大力发展旅游业。根据四川省的实际，制定出旅游产业发展的长期规划和短期规划，各地方政府也应根据景区的实际情况，在坚持总体规划的前提下制定出符合自身实际的旅游产业发展计划，以实现旅游产业布局合理和整体协调的目的。优化旅游发展布局，提升大成都、大九寨、大峨眉、大香格里拉、G318/317川藏线、大攀西、大巴山、大川南等旅游目的地国际化水

平，完善九环线、成乐环线、大熊猫生态文化、蜀道三国文化、川江水上旅游、攀西康养旅游、"长征丰碑"红色旅游、光雾山—诺水河巴山蜀水等精品旅游线路。推动四川藏区、彝区全域旅游发展，推进川滇藏、川甘青、川陕甘、川渝黔等区域旅游合作发展。实施乡村旅游扶贫、智慧旅游、旅游厕所建设等重点工程，加快旅游交通和公共服务体系建设，提高旅游服务水平。大力发展生态文化产业。实施生态文化教育行动计划，建设一批生态文化教育基地。四川历史文化底蕴深厚，拥有全国重点文物保护单位62处、中国历史文化名城7座，有以三星堆和金沙文化为代表的古蜀文明，有可歌可泣的红色文化，有享誉世界的"三苏父子"、郭沫若、巴金、张大千等文化名人故里，民族风情浓郁多姿，是全国第二大藏族聚居区、最大的彝族聚居区和唯一的羌族聚居区。实施生态文化工程行动计划，充分挖掘和保护四川历史文化资源，合理利用人文遗产资源，发展生态文化产业。

第六章　重庆市生态文明建设

　　重庆是中西部地区水、陆、空大型综合交通枢纽。重庆在长江黄金水道处于战略节点，长江横贯重庆境内679千米，占长江航道总里程的1/4，是长江上游最大的航运中心，在整个长江的生态保护中起着重要的作用。在落实"一带一路"战略和建设长江经济中，重庆确定三大目标：一是西部开发开放战略支撑能力大幅提升；二是长江经济带西部中心枢纽全面建成；三是长江上游重要生态屏障加快形成。

第一节　重庆市生态资源概况

作为中国中西部地区唯一的直辖市，重庆具有大城市、大农村、大山区、大库区于一体的特殊市情，也有林业生态建设得天独厚的条件。

1. 水资源

各类水资源合计4648亿立方米，由当地地表水、过境水和地下水组成，非常丰富。

地表水：重庆当地地表径流总量为511.4亿立方米，其地域分配与当地降水量成正相关。东南边缘山区，北部大巴山地多年平均径流深分别为741.6毫米（黔江）、753毫米（开县），而西部丘陵地区的永川仅360毫米，相差达1倍多。当地地表径流年际变化也很大，最多年为最少年的1.5～4.2倍。重庆地区入境河流有长江、嘉陵江、乌江等36条，通过长江于巫山县碚口出口。据推算，入境地表径流总量为4005亿立方米，出口为4292亿立方米。

地下水：重庆地区地下水年储量为131.7亿立方米，可开采量为44.9亿立方米。全市碳酸盐岩类出露面积2903平方千米，占全市总面积35.3%，喀斯特水占地下水总量的78%，主要分布于大巴山、武陵山地；基岩裂隙水仅占6%，分布于西部红层丘陵区。

地下热水：据不完全统计，重庆境内温泉26处（不含原涪陵及黔江地区），水温属低温热水（20～40℃）有19处；中温热水（40～60℃）有南泉等6处；高温热水（大于60℃）1处。水质类型70%属硫酸盐型，并含有氧、溴、碘、锶等多种微量元素。同时经勘探钻孔证明，重庆地区地下热水储量极为丰富，不仅具有旅游、疗养等功能，而且是有待开发的宝贵能源资源。

2. 土地资源

重庆土地总面积82 339.36平方千米。其中农用地为61 634平方千米，占土地总面积的74.85%；耕地面积25 564平方千米，占土地总面积的31.05%；林地30 078平方千米，占土地总面积的36.53%；园地1626平方千米，占土地总面积的1.98%；牧草地2059平方千米，占土地总面积的2.5%；水面2307平方千米，占土地总面积的2.79%。1996年人均土地仅为0.273公顷，为全国人均的1/3；人均耕地0.084公顷，比全国人均少0.02公顷；人均林地0.1公顷，比全国人均少0.087公顷；人均草地0.007公顷，仅有全国人均草地的1/33。

3. 生物资源

植物资源：重庆自然植被属亚热带常绿阔叶林，其主要由栲树属、青冈属、栎属、木兰属等树种构成。重庆地区自第四纪以来，未受冰川"入侵"，成为植物的"避难所"，有维管束植被为1154种。孑遗植物和珍稀植物极为丰富，属国家一级至三级保护植物多达50多种，其中一级保护植物有银杉、水杉、珙桐、秃杉、桫椤等。水杉（万州盐井溪）、银杉（南川金佛山）均为中国最早发现地区，曾轰动了世界。二级保护植物有银杏、光叶珙桐、香果树、鹅掌楸、红豆杉等。三级保护植物有黄杉、穗花杉、白桂木等。

动物资源：重庆动物种类繁多，有兽类69种、鸟类191种、爬行类27种、两栖类28种、鱼类146种，其中属于国家保护珍稀动物有40多种。国家一级保护动物主要有金丝猴、黑叶猴、云豹、白鹤、中华鲟、长江鲟等；国家二级保护动物有金冠鹿、穿山甲、林麝、水獭、大鲵等；国家三级保护动物有青羊、小灵猫、白腹锦鸡等。上述珍稀生物种类，不仅具有很高的观赏价值，更重要的是它们与生息繁衍的自然环境构成"生物基因库"，是研究生态环境变迁和生物演化的宝贵场所。

4. 矿产资源

重庆地区矿产资源十分丰富，类型多，在国内占有重要地位。截至1996年底，全市已发现矿产75种，已探明储量39种，是全国特大城市中矿产资源最丰富地区。能源矿产有煤、天然气、地下热水等，其中煤的保有储量20多亿吨，是我国南方煤炭生产重要基地；天然气储量达3200亿立方米，名列全国前列。金属矿产中，锶矿储量185万吨，居全国第一，锰矿探明储量为我国第二，钒、钼、钡探明储量为全国第三，此外还有铝土矿、汞矿、锌铅矿等。非金属矿产中，岩盐为我国最大矿区之一，储量达3000亿吨，重晶石、萤石等也较为丰富；冶炼辅助材料有耐火黏土、溶剂石灰石、硅石、铸型砂等；建筑材料有石膏、大理石、水泥石灰石等。

5. 旅游资源

重庆地区自然环境复杂，在长期演变过程中，形成丰富多彩的自然旅游资源。山地型有巫山12峰、缙云山9峰、四面山丹霞地貌等；喀斯特型溶洞有夏冰洞、芙蓉洞、双溪洞等；万盛石林；小寨天坑地缝等。峡谷型有长江三峡、嘉陵江小巫峡、大宁河小三峡、乌江峡谷等。水体类有南、北温泉，统景温泉等；湖泊有长寿湖、小南海等。生物类有金佛山、四面山、缙云山亚热带常绿阔叶林；仙女山、红池坝山地草地等，集"山、洞、峡、泉、林、草"于一身，具有观光、避暑、消夏、疗养保健、探险科考等功能。据不完全统计，重庆境内自然旅游资源共有千多处（含人文景观），其中有世界上最大奉节天坑（漏斗）地缝（盲谷），以及巫溪夏冰洞、长江三峡、大宁河峡谷和乌江峡谷群，实属国内罕见，以长江干流为横轴，乌江、大宁河为纵轴，依托重庆主城区、涪陵、万州为中心，构成"三点三线"地域组合格局。三峡工程完工后，不但形成长达600千米"高峡出平湖"的天下奇观，还新增景点70多处，使整个三峡库区成为全国最大的国家级公园和世界级风光景区。重庆市还有众多的人文旅游景观，以三国为背景的历史遗迹白帝城、张飞庙；以民俗为背景的丰都鬼城、大足石刻；以及革命历史遗迹红岩村革命纪念馆、歌乐山烈士陵园等。

第二节　重庆市生态文明建设现状

一、重庆市生态文明建设措施与成就

1. 全面推进国土绿化，大力推进退耕还林

通过天然林资源保护、石漠化综合治理、三峡后续植被恢复等重点工程，完成营造林1081.7万亩。林业生态建设成效显著。重庆市林业局发布的数据显示，"十二五"期间重庆实现了四个方面的增长：林业面积由6118万亩增加到6551万亩；森林面积由4574万亩增加到5562万亩；森林覆盖率由37%提高到45%；林木蓄积量由1.39亿立方米增加到1.97亿立方米。重庆市级以上林业投入177.32亿元，林业总产值达到580亿元。此外，重庆还将完成渝西和渝东北片区的野生植物调查工作和重庆境内的大巴山、巫山地区陆生野生动物资源调查。

2. 扎实推进节能减排

大力实施《国家环境保护"十二五"规划》，完成总量减排项目4500个。"十二五"期间，重庆市化学需氧量、氨氮、二氧化硫、氮氧化物等主要污染物排放量持续下降，6.7万辆黄标车和老旧汽车被淘汰，累计关闭、搬迁236家大气污染企业，28条污染严重次级河流得到整治，全市共划定1144个集中式饮用水源地保护区，清理保护区内污染源3000余个，全市336家重金属污染物排放企业已关闭250家。如璧山区近年关停污染企业400多家，良好的生态环境吸引了大批台资和沿海企业入驻，GDP不降反升。为改善环境民生，构建全面有效的污染防治体系，2014年12月20日，重庆发电厂1号机组关停，关停后每年将减少用煤约60万吨，主城区每年减排二氧化硫5000吨、氨氮化物约6000吨、烟尘约600吨，减少脱硫石膏、粉煤灰及炉渣排放量约50万吨。而在此之前，重庆市已经先后关闭了九龙电厂和磨心坡电厂，重庆发电厂的2号机组也于2015年4月关停。

3. 积极进行湖库治理

自2011年始，重庆在长江干流及主要支流的23个区县和北部新区全面实施绿化长江行动。截至2015年5月，重庆市级以上投入50多亿元人民币，植树造林334.08万亩，绿化长江已完成阶段性造林绿化任务。经过数年植树造林，重庆三峡库区生态屏障区森林覆盖率已达49%，基本实现长江两岸绿化全覆盖，三峡库区已初步形成复合稳定的森林生态系统，生态环境得到明显改善。重庆还开展了湿地生态修复示范地2200亩，三峡库区消落带湿地生态治理试点2.3万亩。为加强当地湿地生态保护，重庆修编了《重庆市湿地保护利用规划》，并印发《重庆市湿地公园管理暂行办法》，积极进行市区湖库水环境治理。重庆市积极进行都市功能核心区和拓展区56个湖库水环境综合整治工程，截至2015年11月底，已完成49个湖库水环境综合整治工程，其余7个湖库水环境综合整治工程正在有序推进，2016年至2017年，56个湖库将实施水质提升工程，逐步恢复湖库生态系统，建立长效管理机制。

4. 重视生态文明制度建设

制定法律法规条例。2014年11月，重庆市出台了《关于加快推进生态文明建设的意见》，以五大功能区域发展战略统筹谋划生态文明建设：渝东北生态涵养发展区和渝东南生态保护发展区严格落实"面上保护，点上开发"原则，更多发展特色农业、生态产业；新增工业项目更多向城市发展新区布局，现代服务业更多向都市功能核心区和拓展区聚集，在发挥引领和辐射带动作用的同时，也承担起生态环保责任。各区域形成推进生态文明建设的合力，严守耕地、林地和森林面积三个生态保护红线。市林业局组织编制了《重庆市推进生态文明建设林业规划纲要（2014—2020年）》，并经市政府第43次常务会议审议通过，提出建设长江流域重要生态屏障的目标，为五大功能区域林业发展作出定位。都市功能核心区：精品林业展示区，突出林业的生态宜居支撑功能。都市功能拓展区：主城生态屏障区，突出林业的生态屏障和生态隔离功能。城市发展新区：城乡林业统筹发展区，突出林业在城市集群发展中的生态支撑作用。渝东北生态涵养发展区：

三峡库区重要生态屏障区，突出涵养水源、保持水土、维护生物多样性以及提供生态产品等功能。渝东南生态保护发展区：武陵山重要生态屏障区，突出生态保护、森林旅游、生态产业以及生物质能源基地等功能。2015年重庆市修正《重庆市环境保护条例》，制定《重庆市大气污染防治条例》，完善挥发性有机物排放等方面的地方标准，确保环境管理有法可依、有章可循。2015年1月，出台了《重庆市进一步推进排污权（污水、废气、垃圾）有偿使用和交易工作实施方案》，工业企业排污权有偿使用和交易于当月正式启动，并将率先在渝东南生态保护发展区和渝东北生态涵养发展区的农村地区实施生活污水、生活垃圾排污权储备。

5. 重视生态考核环保指标

2015年生态环保作为一级考核指标的有7个区县，涵盖环境治理、节能减排、污水和垃圾处理等多个项目。其中，在渝东北生态涵养发展区和渝东南生态保护发展区，生态环保成为权重最大的指标；在都市功能核心区占比也达到13%。而且对领导干部任期内生态文明建设情况实行责任制、问责制和终身追究制，对不顾生态环境盲目决策、造成严重后果的实行终身追究。

6. 重视运用市场机制优化配置生态资源

生态文明建设仅靠行政力量推进难度大，需政府和市场协同发力，运用市场机制优化配置生态资源。2015年6月，重庆市设立重庆资源与环境交易所、重庆环保投资有限公司和重庆环保产业股权投资基金，用市场化改革为生态文明建设注入活力。重庆资源与环境交易所将建立全市统一的排污权交易平台，降低交易成本，把城乡污水、废气、垃圾纳入交易范围，同时还将开展天然气、光伏能源等交易试点；重庆环保产业股权投资基金将利用10亿元基金杠杆，实现40亿～50亿元资本投入生态环保领域，支持环保产业项目做大做强。

总体来讲生态建设和环境保护工作不断加强，重庆市成功创建国家园林城市、森林城市，启动碳排放权交易市场，长江、嘉陵江、乌江重庆段水质总体保持Ⅱ类以上，空气环境质量明显改善。

二、重庆市生态环境存在的主要问题

1. 水污染与缺水同时存在

水污染：第一，受过境输入污染影响。经测算，重庆市长江、嘉陵江、乌江总磷省外输入量已占该市培石出渝断面总磷总量的88%以上。由于总磷浓度超标，导致该市河流型饮用水源地水质下降。第二，各种污水处理不到位，如生活污染处理，全市近一半的乡镇还未建污水处理设施，已建成的乡镇污水处理设施有一半因管网不配套、工艺不合理、运行经费不足、管理机制不完善等原因运行不正常；全市8000多个行政村中约有3/5的行政村未建设任何污水垃圾处理设施。已建成的59座城市污水处理厂有6座满负荷运行，32座超负荷运行，改扩建滞后；5座因管网不配套污水收集率低。工业污染处理不到位，近期排查出的3万余家中小型工业企业存在环保问题还需要实施深度治理，以化工、电镀、医药等行业为主的老工业企业工艺水平低，跑冒滴漏现象突出。全市49个工业园区共111个园区（组团）还有65个园区（组团）未建设集中污水处理设施，占比58.5%。农业污染处理弱，全市约10万家规模化畜禽养殖场（按出栏生猪当量50头统计）中仅1200余家（占1.2%）有较完善的污染治理设施，有的也因技术差、成本高等原因运行不好，出现"一个养殖场污染一条河"的突出现象。农业种植对农用化学投入品的依赖程度高，2014年全市化肥每公顷411千克施肥量，是国际公认安全上限（225千克）的近2倍。同时，还有船舶污染、沿江的重化工风险企业污染等。[①]

缺水：重庆市虽然水资源丰富，但分布不平衡，除了主城区及靠两江的区县外，多数地区处于缺水或严重缺水的状态，市人均水资源甚至比全国平均量更低，只有世界平均水平的1/6。一是工程性缺水，这是由于水利设施不足或老化引起的；二是季节性缺水，主要由气候条件引起；三是环境污染造成的缺水。如

---

① 史大平. 重庆市人民政府关于全市水污染防治工作情况的报告［EB/OL］. 重庆市人民代表大会常务委员会公报，2015（4）［2015-11-09］. http://www.ccpc.cq.cn/home/index/more/id/195057.html.

重庆"两江"水源地工业污染较为严重。长江与嘉陵江不仅是重庆市的主要饮用水源，同时也是接纳城市污水、工业废水的唯一水体。调研显示，重庆市水源地水质总体良好，但进入2014年后开始呈下降趋势，总磷超标较为普遍。长江、嘉陵江两岸工业企业及城市污水是主要污染来源；在三峡水库蓄水后，水流急剧减缓、水污染加重，水源地保护制度及措施仍沿用河流型水源地模式，难以适应新的变化。库区消落带治理难度大。长江流经重庆600千米，水土流失面积大，石漠化严重，占三峡库区绝大部分面积的重庆还肩负着建设长江上游重要生态屏障、保护全国最大的淡水资源库及三峡库区生态安全的重任。三峡工程运行后，由于冬季蓄水和夏季防洪需要，库区水位在175米和145米间发生周期性变化，库区由此形成面积近400平方千米、落差达30米高的消落带，消落带治理成为亟待解决的重大环境问题。要治理三峡库区消落带，选择适宜栽种的植物成为关键，这些植物既要耐淹又要耐旱。为此，重庆陆续在万州、云阳、开县等地，实施多个消落带治理试验示范项目。在重庆云阳双井寨江岸边，由中科院重庆绿色智能技术研究院和一家民营企业合作开展的速生竹柳种植实验取得阶段性成果。虽然多个消落带治理取得阶段性成果，但成果大多针对175米水位线以下10余米，还有近20米消落带治理仍未找到有效方法，消落带治理任重道远。

2. 森林资源发展存在的问题

一是森林资源总量不足。全市人均森林面积0.108公顷，低于全国人均0.151公顷的水平；全市人均林木蓄积量6.179立方米，低于全国人均10.983立方米水平。二是森林资源质量不高。乔木林每公顷蓄积63.7立方米，低于全国每公顷85.88立方米平均水平。三是林分结构不合理。幼中龄林比重大，近成过熟林少。幼中龄面积、蓄积分别占乔木林面积、蓄积的80.8%和71.6%，近成过熟林面积、蓄积分别占乔木林面积、蓄积的19.2%和28.4%。[①]

---

①佚名. 重庆2014年森林资源变更调查成果新闻发布会［EB/OL］. 北京：国务院新闻办公室网站，2015［2015-01-30］. http://www.scio.gov.cn/xwfbh/gssxwfbh/xwfbh/chongqing/Document/1394061/1394061.htm.

3. 酸雨污染严重

重庆市是我国酸雨污染最严重的城市之一，环境空气质量属烟煤型污染，二氧化硫是重要污染物。2002年主城区5个国控点采集雨样数据显示，酸雨频率43.6%，降水最低pH值为4.59。2014年重庆环境公报数据显示，全市酸雨频率为41.4%，降水pH值范围为3.01～8.35，年均值为5.02，酸雨污染依然没有明显好转。

4. 农村面源污染失控

随着农业产业结构调整，养殖业快速发展，规模化畜禽养殖粪便的直接排放，成为该市主城郊区的次级河流被污染的主要污染源，加重了地表水和次级河流的污染，畜禽养殖专业户及企业逐步成为新的污染大户。尤其是水产养殖快速发展，由于大量投放富含氮、磷的饲料，化肥及畜禽粪便进行肥水养鱼，池塘、水库、河道污染面积呈高速发展之势，地表水富营养化问题日益严重。由于缺乏正确引导和监督不力，农用化学物品不合理使用，尤其大量化肥的有效养分流失进入环境，加重了三峡库区水体污染，并且使重庆市的部分农产品受到污染，同时还影响到生物多样性的保护。

5. 地质灾害严重

重庆市复杂的自然地理环境以及不断增加的人类工程活动，决定了市域内地质灾害发生较为频繁，是全国地质灾害最严重、受威胁人口最多的地区之一。每年因地质灾害造成人员死亡40～60人，直接经济损失3亿～4亿元，占全市自然灾害总损失的20%以上。地质灾害类型主要有：滑坡、崩塌、泥石流、地面塌陷及地裂缝等，已严重威胁着人民的生命财产安全，影响人民的生产、生活，制约经济社会可持续发展。

第三节　重庆市推进长江经济带生态文明建设思路与主要路径

重庆市在我国生态文明建设全局中具有特殊重要地位。推进生态文明建设，不仅是重庆科学发展的内在要求，更事关国家生态安全和可持续发展全局。这是构建长江上游重要生态屏障、保护母亲河的必然要求，是破除资源环境瓶颈约束、实现市经济社会可持续发展的迫切需要，是满足全市人民最基本生存发展需求。

一、优化生态空间开发格局

科学规划布局，合理控制开发强度，优化调整空间格局，促进生产空间集约高效、生活空间宜居适度、生态空间山青水秀。守住全市耕地、林地和森林面积三条生态红线，严格落实分级分类管控制度，严格控制国家重点生态功能区、生态敏感区的开发强度与规模，引导人口迁移，降低生态压力，让生态环境休养生息。保护好缙云山、中梁山、铜锣山、明月山和大巴山、华蓥山、武陵山、大娄山等自然山体生态屏障圈，建设长江、嘉陵江、乌江三大水系生态涵养带和以高速公路、国省道为主体的绿廊系统，形成市域生态空间格局整体架构。保护好城镇周边山水林田园等多元自然开敞空间，有效分隔城镇，严控城市无序扩张，严禁违法占地和违规建设，给自然留下更多修复空间，给农业留下更多良田。保护好自然保护区、风景名胜区、水源保护区和森林公园、湿地公园等重要生态功能区，保留永久生态空间。

二、转变发展方式

1.调整优化产业结构

实施五大功能区域产业投资禁投清单政策，强化投资政策分类指引、土地资源分类配置、资源分类保障和资源环境分类约束，促进产业特色发展、绿色发展和集群发展。采用节能低碳环保技术改造提升传统产业，加快培育发展战略性新兴产业，加快淘汰落后产能，逐步化解过剩产能，鼓励优势企业开展兼并重组。推进大渡口区等城区老工业区搬迁改造和万盛经开区等资源型城市转型发展。发展现代生态农业，建设江津、潼南、荣昌、忠县等一批生态农业综合示范区（园区）和综合示范工程。发展特色林业产业，建设森林旅游、苗木花卉等林业产业基地。发展生态旅游业，推进生态旅游示范区建设，打造长江三峡和渝东南武陵山著名生态旅游品牌。

2. 发展循环经济

开展循环经济试点示范行动，推动永川港桥工业园国家城市矿产示范基地和大足区国家循环经济试点城市等示范建设。建设循环型工业，推进工业"三废"综合利用，加快资源综合利用示范工程建设，开展园区循环化改造。建设循环型农业，实施示范工程，培育循环农业模式。建设循环型服务业，构建覆盖全社会的资源循环利用体系，规范和完善再生资源回收体系建设。开展再制造试点，发展机床、汽车零部件、工程机械再制造，推行"以旧换再"。

3. 推动低碳发展

加快调整能源结构，构建低碳能源体系。因地制宜发展水电、风电、生物质发电等可再生能源，争取国家布局新能源项目，推进气候资源开发、利用，扩大地热能等可再生能源建筑应用规模，逐步提高非化石能源消费比重。鼓励发展分布式能源，推广使用清洁能源。加强页岩气开采中的环境保护。探索建立监测和管控机制，控制工业生产过程等领域温室气体排放。强化森林经营，增加森林蓄积量和碳汇量。完善低碳发展支撑体系建设，开展低碳城市、绿色低碳小城镇、低碳社区、低碳产业园区等试点示范工作。

4. 发展节能环保产业

以节能技术装备、高效节能产品、节能与新能源汽车为重点，加快发展节能产业。以再生资源利用、废物综合利用为重点，加快发展资源循环利用产业。以垃圾污水处理、大气污染治理、环境监测及修复等环保技术装备为重点，加快发展环保产业。推进环保产业集群发展，包括建设污水和污泥处理设备产业集群、大气污染防治设备（产品）产业集群、固体废弃物收运处理设备产业集群、环境仪器仪表及环境修复产业集群、再生资源综合利用产业集群、固体废弃物综合利用产业集群、再制造产业集群等七大环保产业集群。培育壮大节能环保龙头企业，支持康达国际环保公司、重庆泰克环保工程设备公司、重庆三众环保工程技术公司、重庆三峰环境产业集团等一批环保企业做大做强，支持大型企业通过自建或合作等方式，建立一批国家级环保重点实验室、工程（技术）研究中心和公共技术平台。支持环保产业上下游之间通过产业联盟、联合投资等，合作共建共性技术研究机构。鼓励构建一批企业主导、高校和科研院所参与的创新战略联盟，促进研发成果直接向产品转化。建设好万州、大渡口、大足等节能环保产业基地和园区。

三、实施重点工程，加大生态修复和生态治理力度

1.加大植树造林力度

实施好新一轮退耕还林工程，加强天然林资源保护，扩大石漠化治理区域，继续推进三峡库区生态屏障建设，启动实施森林经营工程等。大力发展林业生态产业，推动产业生态化、生态产业化。突出抓好森林旅游、木竹加工、木本油料等林业主导产业，在城市发展新区发展木竹加工业，在渝东北和渝东南地区因地制宜发展森林旅游、休闲养生和游憩产业，在渝东南秀山、彭水、酉阳和渝东北奉节、万州等地发展木本油料产业。探索用市场力量推动林业产业发展，转变投入方式，加大对林业龙头企业的支持力度。进一步深化林业改革，放活对集体林、商品林、人工林尤其是速生丰产用材林、短周期工业原料林的采伐管理。扩大林权抵押贷款规模，加大银林合作力度，着力解决林业行业贷款成本高、评估体系不畅等问题。全面启动国有林场改革，发挥好国有林场在资源培育、生态保

护和生态服务中的重要作用。进一步推进依法治林，对《重庆市林地保护管理条例》等9部地方性林业法规、规章进行清理梳理。继续开展简政放权，完善林业行政执法监督体制机制，强化案件审批管理、案件执行等监督工作。进一步加强以森林公安为主的林业行政综合执法能力建设。同时，加强能力建设，加快森林消防应急基地和林业防灾减灾、预警监测、应急救援体系建设等。

2. 提高生态环境质量

深入实施"蓝天、碧水、绿地、宁静、田园"五大环保行动，着力提升城乡生态环境质量。加强大气污染治理。贯彻落实国务院大气污染防治行动计划，以 $PM_{2.5}$ 污染防治为突破口，强化大气污染物协同控制，持续改善城区空气质量。全力涵养和保护好库区水环境，加强工业废水和城镇生活污水集中处理，加强地下水污染防治，开展地下水调查评估，完善地下水监测网络，切实解决水污染问题。开展农村环境连片整治，实施县域农村垃圾和污水治理设施统一规划、建设和管理，完善运行监管长效机制；加强农业面源污染治理，控制农业用水总量和农业水环境污染，实施化肥、农药零增长行动，畜禽粪便及死亡动物、秸秆、农业投入品废弃包装物及废弃农膜基本实现无害化处理或资源化利用，建设现代生态农业基地。加大植树造林，搞好工矿采空沉陷区生态修复，加强生物多样性保护，逐步恢复生态系统。

3. 提高资源能源节约高效利用

要合理控制能源消费总量，优化产业结构，抑制高耗能产业过快增长，淘汰落后产能，提高能源利用效率。要落实最严格的节约用地制度、水资源管理制度。加大天然气、页岩气和铝、锶、镁、硅、锰、锂等重要矿产资源的勘察力度，提高矿产资源保障能力。

四、打造沿江生态走廊

以长江黄金水道为支撑，以推进产业升级为突破口，以现代物流和文化旅游等为重点，大力发展绿色经济、低碳经济，加强长江沿岸的绿色生态规划和建设，突出生态文化建设，整体上优化重庆长江沿岸的空间格局、产业结构和生产方式，形成以主城为龙头，以江津、长寿、涪陵、万州等城市为支点的城市群，打造成为生产方式低碳循环、生活方式绿色环保、生态环境舒适宜居、生态制度健全完善的重庆沿江生态走廊。

1. 优化产业布局，打造沿江生态经济走廊

一是优化沿江产业布局。把沿江区域作为一个有机整体，利用长江经济带的节点，结合各区县的资源优势，根据沿江产业的特点和现代产业的发展趋势和要求，科学地选择沿江各区域产业业态，系统地规划好产业空间布局。二是调整沿江产业结构。引导沿江区域产业差异化发展，推动产业升级，做大做强重庆工业支柱产业，推动沿江各地区产业分工协作、优势互补、错位发展，沿江生态经济主要发展电子信息、汽摩、装备制造等先进制造业，生物医药、新能源、新材料、节能环保等高新技术产业，和现代物流、观光农业和休闲旅游等现代服务业。三是大力发展绿色和低碳经济。围绕生态农业、生态工业、生态旅游、环保产业等方面，积极谋划低碳产业集群。

2. 优化生态环境，打造沿江绿色屏障走廊

进一步推进长江两岸绿化行动。做好新一轮退耕还林等生态治理工程，提高长江两岸森林覆盖率，加强长江两岸景观带建设，提升两岸的景观效果和绿化档次，通过再造林和低产林改造，提高森林质量和固碳能力。推进长江水质净化行动。优化水资源在生产、生活、生态等各用水领域的配置，加强长江水质监测，充分发挥森林涵养水源、净化水质的功能，实现一江碧水向东流。

3. 加大环境治理，打造沿江生态保护走廊

一是加强长江沿岸的污染防治。从全国层面在整个长江流域建立严格的水资源和水生态环境保护制度，划定沿江生态保护红线，将自然保护区、饮用水源保

护区、重要湿地等纳入生态红线区域管理，加强监督控制污染排放总量，严格限制长江沿江建设可能对饮用水源带来安全隐患的项目。二是加强长江沿岸生态修复。利用植树造林、退耕还林还草等手段进行生态修复，对长江沿岸的植被和植物景观进行培育，对地形条件较好，植被较丰富的区域，按照城市公园的要求进行改造，形成复合式生态走廊，在达到条件的区域建立若干重要生态功能区、保护区等示范项目。三是加强长江沿岸的生态补偿。提高长江沿岸公益林森林生态效益补偿标准，探索建立水土保持、长江流域水环境保护等生态补偿机制，建成功能合理、系统完善的生态安全格局。

4. 加强文化建设，打造沿江生态旅游走廊

重庆是历史文化名城，沿长江黄金水道目前初步形成了独特的巫山古人类文化、抗战文化、三国文化等，丰都、忠县、云阳、奉节、巫山等形成了具有特色的长江旅游经济带。利用黄金水道基础设施建设的机遇，对整个沿江生态文化进行布局，重点发展富有地方特色、民族特色文化产品，形成融文化体验、旅游观光、娱乐休闲于一体的经济带。重点打造一批生态旅游项目，积极开发长江沿江的森林、度假、养生等旅游产品，发展生态休闲型旅游业。①

---

① 黄意武. 利用长江经济带的建设，打造重庆沿江生态走廊［N］. 重庆日报，2014-07-09.

第七章 湖南省生态文明建设

　　湖南省地处中国中部、长江中游，区位优势明显，2013年11月初，习近平总书记在湖南考察时，首次提出湖南位于"东部沿海地区和中西部地区过渡带、长江开放经济带和沿海开放经济带结合部"（即"一带一部"）的区位优势。湖南要以长江经济带建设为切入点，以洞庭湖生态区建设为依托，以岳阳城陵矶港为桥头堡，主动对接长江经济带，不断提高改革开放水平，推动经济持续健康发展。

第一节　湖南省生态资源概况

湖南境内东南西三面环山，幕阜、罗霄山脉绵亘于东，五岭山脉屏障于南，武陵、雪峰山脉逶迤于西。境内自然资源丰富，素有鱼米之乡、有色金属之乡、非金属之乡和旅游胜地之美誉。

1. 水利资源

湖南境内水系发达。湘北有洞庭湖，为全国第二大淡水湖。洞庭湖西北面有松滋口、太平口、藕池口等数条水道接纳长江来水，又从东北面的城陵矶附近把湖水泄入长江，成为长江的一座天然水库，起着调节长江水量的重要作用。湘江、资江、沅江和澧水分别从西南向东北流入洞庭湖，连接长江。全省天然水资源总量为中国南方9省之冠。

2. 土地资源

湖南耕地面积378.8万公顷，约占全国耕地总面积的3.1%；天然草地面积637.3万公顷，约占全国草地总面积的1.6%；林地面积1036.99万公顷，约占全国森林总面积的6.6%。土地资源总量丰富，类型齐全，这为湖南因地制宜地发展农业、林业、牧业、渔业等生产提供了有利条件。

3. 矿产资源

湖南是著名的"有色金属之乡"和"非金属矿之乡"。目前已发现各类矿产141种，其中锑、钨、锰等41种的保有储量居全国前5位。在已探明储量的矿种中，居全国前10位的矿产有60多种，其中以有色金属矿最多，非金属矿次之。钨、铋、锑、钒、锡、石墨、重晶石等矿产，在全国乃至世界都具有重要地位。郴州柿竹园矿区被誉为"世界有色金属博物馆"，锡矿山的锑矿已开采90余年，一直保持"世界锑都"地位。浏阳市境内海泡石的发现，填补了我国矿产资源的一项空白。丰富的矿产资源，使湖南成为国家发展有色冶金工业、建筑材料工业的重要基地和江南黑色能源的产地之一。

4.动植物资源

湖南位于中国东部中亚热带常绿阔叶林地带，植被类型多种多样，植物资源异常丰富。种子植物约5000种，居全国第7位。其中，木本植物2000多种，野生经济植物1000多种，药用植物800多种。全省有国家保护的珍稀野生植物66种，占全国保护珍稀植物种类（254种）的26%。其中，一级保护植物3种，即银杉、水杉、珙桐；二级保护植物23种，有银杏、水松、资源冷杉、伞花木、杜仲等；三级保护植物40种，有穗花杉、舌柱麻、白桂木、华南栲、金钱槭、八角莲等。另有省定保护植物44种。全省森林面积750.14万公顷。2017年森林覆盖率为59.68%，高于全国和世界水平，全省已建立国家级自然保护区23个，张家界森林公园是全国第一个国家级森林公园。全省有草场资源637.3万公顷，丰富的植物资源为动物的生存繁衍提供了得天独厚的条件，因此湖南动物种类繁多，分布较广。有野生哺乳动物66种、鸟类500多种、爬行类71种、两栖类40种、昆虫类1000多种、水生动物200多种。全省国家一级保护动物有华南虎、云豹、金猫、白鹤、白鳍豚等18种，属国家二级保护动物的有猕猴、短尾猴、穿山甲、大鲵、江豚等28种，三级保护动物有白鹭、野鸭、竹鸡等49种。湖南是全国著名的淡水鱼产区，天然鱼类共160多种，以鲤科为主，主要有鲤、青、草、鳙、鲢、鳊、鲫、鲂等，著名的鱼种有中华鲟、白鲟、银鱼、鲥鱼、鳗鲡等。在家畜、家禽中，以宁乡猪、滨湖水牛、湘西黄牛、湘东黑山羊、武冈铜鹅、临武鸭、浏阳三黄鸡等最为著名。

5.旅游资源

湖南山川秀丽，名胜古迹众多，历史文化底蕴深厚，旅游资源丰富，是海内外闻名的旅游胜地。有世界自然遗产张家界武陵源自然风景区、"中国最美小城"凤凰古城、中国五岳之一的南岳衡山、中国江南三大名楼之一的岳阳楼、中

国宋代四大书院之一的"千年学府"岳麓书院；有中华民族始祖炎帝神农氏陵寝地（株洲市炎陵县）和中华民族人文始祖舜帝陵寝地（永州市宁远县九疑山）；有澧县城头山古城遗址、里耶秦简、走马楼三国吴简以及凤凰古南方长城等历史遗迹，其中长沙马王堆汉墓的发掘震惊世界，长眠其中2100多年的辛追夫人出土后仍保存完好，被誉为世界第八大奇迹。有毛泽东家乡韶山、中国抗战胜利受降地怀化芷江等红色旅游资源，现已成为享誉中外的旅游胜地。湖南还涌现出一大批革命志士和领袖人物，留下许多革命遗迹。随着交通环境的不断改善，越来越多海内外游客纷涌入湘。2017年，湖南全省接待国内外旅游者6.7亿人次，实现旅游总收入7172.6亿元。

第二节　湖南省生态文明建设现状

一、取得的成就

作为两型社会综合配套改革实验区，湖南省生态文明建设成绩瞩目。

1. 法律法规逐步完善

2007年出台了《湖南省长株潭城市群区域规划条例》《长株潭城市群区域规划条例实施细则》。2011年通过了《湖南省东江湖水环境保护条例》。2012年通过《湖南省长株潭城市群生态绿心地区保护条例》。同年出台了《绿色湖南纲要》，初步构建六大体系，包括生态环境体系、绿色产业体系、资源支撑体系、人居环境体系、绿色文化体系，以及高绿色管理体系，首次系统地勾绘出生态系统的保护与建设轮廓。2013年在全省范围内率先出台《关于落实长株潭城市群区域规划和加强生态绿心保护的若干规定》，逐步构建了加快生态文明建设的制度体系和保障体系，开启了加快生态文明建设的新篇章。为加强农村环境治理，湖南出台了《湖南省加强农村环境保护的意见》。为加快资源性产品价格机制改革，促进产业转型升级机制改革，发布《2013年湖南省工业行业淘汰落后产能目标任务和企业名单》，引导企业淘汰落后产能和转型升级。推广绿色建筑机制改革，出台《绿色建筑行动实施方案》。发布湖南《关于开展城市绿荫行动的通知》，规划2年内七成县市道路建成林荫路。完成了《湖南省水功能区划》修订工作，强化水资源保护和水功能区监督管理。"绿色湖南"建设全面铺开，26个省直涉绿部门相继推出十大绿色行动、十大环保行动、十大低碳技术等。为推行绿色采购改革，发布《湖南两型产品政府采购目录》。2014年出台了《湖南省排污权有偿使用和交易资金使用规定（试行）》《湖南省大气污染防治2014年度实施方案》《湖南省主要污染物排污权有偿使用和交易实施细则》。省会城市长沙在2014年1月出台《长沙市绿色建筑行动实施方案》。2014年3月，出台了《长沙市大气污染防治行动计划实施方案》。2015年4月底，《湖南省生态文明体制改革实施方案（2014—2020年）》（以下简称《方案》）正式出台，为全国首个同类改革实施方案。《方案》按照"源头严防、过程严管、后果严惩"的整体思路，对生态文明建设采取源头严防、过程严管、后果严惩等措施，突出改革创新和制度建设，突出系统性和可操作性。《方案》提出，要加快健全自然资源资产产权和用途管制、划定生态红线、生态补偿、节能减排治污市场化、生态环境保护责任体系、法治保障等方面的制度，并分别明确了任务书、时间表和责任单位。

2. 体制改革同步进行

自2007年以来，湖南省就吹响了生态文明体制改革的号角。在很多方面，逐步实行一项项改革，如推动产业转型升级、进行农村环境整治、探索资源性产品价格改革、建立生态补偿机制、推广绿色建筑等等。可以说，湖南省为全国创造了多项可推广、可复制的经验。2013年出台的《湘江保护条例》，成为我国第一部保护江河流域的综合性地方法规。为了引导湖南省旅游景区贯彻和传播两型理念，促进湖南省旅游产业可持续发展，湖南省出台了《两型旅游景区》地方标准，于2014年5月16日发布。同时，湖南还将经济增长与资源节约、环境保护综合考评，在全国率先实施绿色GDP评价体系，长沙县和长沙市望城区率先建立了绿

色政绩考核体系。大气治理方面，2013年9月，长沙、株洲、湘潭3个市正式启动长株潭区域大气PM$_{2.5}$源解析工作，结合监测点位代表的功能区、地理位置均匀性等因素考虑，在三市共设11个点位，通过省环境监测站联合三市环境监测站同步开展PM$_{2.5}$采样。

3. 产业转型升级取得新的成绩

第一，稳步推进传统产业改造升级。逐步淘汰小钢铁、平板玻璃、焦炭、铁合金、电石、铅锌冶炼以及水泥等行业低端落后产能，逐步关停淘汰高能耗、高污染的企业和生产线；加大技术改造力度，在传统产业中积极推广应用先进工艺技术，推进工业重点行业节能减排。2014年，全省规模工业六大高耗能行业增加值增长7.1%，增幅低于规模工业平均水平2.5个百分点，其增加值占全部规模工业增加值的比重同比下降0.4个百分点，万元规模工业增加值能耗下降11%。有色金属新材料产业出口基地创建为"全国外贸转型升级示范基地"。第二，加快发展节能环保等新兴产业。移动互联网、集成电路、3D打印、工业机器人等新兴产业逐步成为湖南新的增长点；环保产业保持快速发展，2014年总产值达到1350亿元，增幅超过30%。

4. 循环经济有序推进

2014年1月，出台了《湖南省循环经济发展战略及近期行动计划》，推进13个国家级示范和省级循环经济县（市）、园区和企业创建工作，积极开展"双十双百"示范行动（实施循环经济十大示范工程，创建十个循环经济示范市或县，创建百个循环型示范村镇、社区，培育百家循环经济示范企业）。湖南郴州桂阳县成功创建国家级"循环化改造试点示范园区"，打造千亿绿色低碳循环经济示范园区。湘潭高新区、岳阳绿色化工产业园、益阳高新区成功入选首批55家国家低碳工业园区。166家企业（其中新认定企业62家，复审企业104家）生产的211项产品认定为国家鼓励的资源综合利用产品，年可利用工业固体废渣2600万吨左右。22家企业的40台机组认定为资源综合利用机组，装机容量64.4万千瓦，年可利用余热余压资源75.3万吉焦，高炉煤气44.8亿立方米，生物质燃料110万吨，城市垃圾填埋沼气1880万立方米。永兴、汨罗循环工业园区建设集中废水废物、固废和重金属污染处理设施，湘潭、衡阳餐厨垃圾处理项目开工建设。7个生活垃圾焚烧及水泥窑协同处置项目建成投产。清洁低碳技术深入推广。实施技术推广重点项目200多个，2014年1月、10月先后发布第二批、第三批《湖南省节能新技术新产品推广目录》，共63项节能新技术新产品。稀贵金属综合回收、家电和汽车回收拆解等技术取得突破。[①]

5. 生态环境质量状况改善

水环境质量方面。2017年，全省地表水环境质量总体保持稳定，四水干流水质整体稳定，支流浏阳河及洞庭湖湖体的水质局部有所提升。345个地表水监测评价断面中，达到或优于Ⅲ类水质标准的断面323个，占比93.6%，与上年持平。14个城市的29个饮用水水源地中，27个水源地水质达标，占比93.1%，较上年下降3.5个百分点。29个饮用水水源地的水量达标率为97.2%（按单因子方法评价，粪大肠菌群不参与评价），较上年下降1.4个百分点。2017年全省14个城市的环境空气质量平均优良天数比例为81.5%，轻度污染天数比例为13.8%，中度污染天数比例为3.2%，重度及以上污染天数比例为1.5%。影响14个城市环境空气质量的主要污染物是细颗粒物、臭氧和可吸入颗粒物。治污方面，2015年湖南进一步加大污染治理力度，作为省政府"一号重点工程'第一个'三年行动计划"，全力完成湘江的保护与治理。工作内容包括对工业废水、生活污水以及养殖污染等源头的防控，加强对生活垃圾的无害化处置和资源化利用，继续加大对衡阳水口山、株洲清水塘、郴州三十六湾、湘潭竹埠港、邵阳龙须塘、娄底锡矿山等其他重点区域的污染整治。继续抓好长株潭等重点地区的大气污染防治，包括推进雾霾治

---

①湖南省人民政府发展研究中心课题组. 2014—2015年湖南两型社会与生态文明发展报告［EB/OL］. 湖南：绿网，2015［2015-09-12］. http://www.czt.gov.cn/Info. aspx?ModelId=1&Id=31643.

理、推广清洁能源和新能源汽车、降低工业污染物排放强度等等。实施重金属污染耕地修复工程和农作物种植结构调整试点，完成重金属污染防治"十二五"规划。

2016年3月4日，湖南省政府发布2016年全省"4+2"重大项目575个，其中，生态文明建设项目共239个，主要包括湘江保护与治理、洞庭湖水环境综合治理、城镇污水处理、农业面源污染治理、空气污染防治等，项目占比近42%，总投资4319亿元，为"4+2"中投资额占比最大的一块，可见湖南对于生态文明建设、经济转型升级的重视。

二、湖南生态文明建设存在的问题

随着两型社会和生态文明建设的持续推进，湖南虽然取得了一系列成绩，但在体制机制创新、环境污染治理、资源节约集约利用、产业转型升级等方面还有许多工作要做，根据湖南省人民政府发展研究中心课题组发表的课题报告《2014—2015年湖南两型社会与生态文明发展报告》，湖南生态文明建设存在如下的问题。

1.部分领域改革需进一步加快

一是资源型产品价格体系还未形成。资源型产品中煤和油的价格激励机制还没有建立，天然气价格激励机制仍在进一步完善中，产品价格的市场化程度还不高，再生资源利用的价格激励机制还未建立，难以激励企业进行资源循环利用。二是生态文明投融资机制不完善。生态补偿的融资渠道比较单一，民间资本参与生态文明和两型社会建设的制度体系还不完善，进入难度大，缺乏利益保障。新型绿色金融产品开发不够，相应的低碳金融市场制度亟待建立。三是改革协调推进有难度。财税、价格、土地、金融、行政管理等各项改革相互协同配合的难度较大；湘江流域治理、洞庭湖生态经济区建设、城际交通网络建设等跨区域合作发展问题需进一步统筹资源、协调各方利益。四是生态文明建设的公众参与机制不健全。农村地区的生态文明公众参与机制还未建立，宣传的覆盖面有待进一步扩大，公众参与的途径、方式等有待进一步明确。

2. 产业转型升级任务仍然艰巨

2016年，全省一、二、三产业比重分别为11.5%、42.2%、46.3%，与两型社会第二阶段提出的建设目标9.5%、48.5%、42%比较，第一产业比重仍然偏高。同时，工业仍以重化工业为主，2014年，规模工业增加值居前五的产业中，有3个是高耗能、高排放产业。高耗能行业仍是拉动全省能源消费的主要因素，也是环境污染问题的重要诱因。资源能源约束压力依然较大，能源消费结构短期内难以改变。2014年，湖南规模工业能源消费中原煤消费占比为47.5%，虽然比2013年下降1.9个百分点，但仍以原煤为主。虽然近年来湖南积极淘汰落后产能，推动产业结构升级，但六大高耗能行业能耗占规模工业能耗的比重2011年以来始终维持在78%~79%之间，其中，2014年达到79%，同比提升了0.1个百分点。由于历史原因，短时间内能源消费结构难以大幅改观。土地资源利用粗放，供需矛盾大。一方面是土地供应紧张，2014年，全省用地上报计划和实际供应量之间缺口约7.5万亩，计划保障率仅为70%。另一方面土地利用粗放现象严重，截至2014年7月，全省共有批而未供的土地64.95万亩，此外未按期竣工项目用地22.3万亩，还有各类闲置土地3.6万亩，供地率不达标市县43个，约占50%。

3. 生态环境问题依然突出

大气污染形势依然严峻。2014年湖南重点监测的长沙、株洲、湘潭、岳阳、常德、张家界6个市全年空气质量超标天数占到32.6%。2014年10月，长株潭地区空气达标天数不足10天，$PM_{2.5}$、PM_{10}、臭氧等空气指标全线升高，出现了大面积且持续的"重度污染"，引发市民对居住环境恶化的强烈担忧。水污染问题需进一步解决。2014年，洞庭湖水质呈下降趋势，11个重点监控面中，10个为中度污染，1个为重污染，与2013年相比，总磷的平均浓度升高29.2%。环洞庭湖区富营养化程度已达到中度。全省农田灌溉水（地表水）样品超标率为31.48%，总磷超标率为20.37%，COD_{Cr}（重铬酸盐指数）超标率为16.67%。地下水样品监测超标率为64.81%，氨氮超标率为64.81%。在环境约束方面，湖南环境容量和生态空间有限。水土流失面积占全省国土面积的19%以上，超过26%的耕地受到不同程度的面源污染和重金属污染。农村生活污水处理率仅10%左右。湘江流域集中了湖南60%的人口、70%的经济总量，承载了60%以上的污染。比如，株洲化工厂重金属污染程度深，面源污染广，污染治理任务艰巨。[①]

第三节　湖南省推动长江经济带生态文明建设思路与主要路径

习近平总书记在2013年11月视察湖南时要求"谱写建设美丽中国湖南新篇章"，为湖南加快生态文明建设指明了前进方向。谱写建设美丽中国湖南新篇章与生态建设先行区要求把生态文明建设放在突出地位，融入经济建设、政治建设、文化建设、社会建设各方面和全过程，在思想上重视生态文明建设，在实践中推进生态文明建设，推动形成人与自然和谐发展现代化建设新格局，努力走向社会主义生态文明新时代。

一、继续深入推进两型社会建设

抓好长株潭两型社会试验区第三阶段改革建设，完成湖南湘江新区综合生态补偿、株洲综合执法体制、湘潭绿色GDP评价等改革试点，实施昭山等生态绿心地区示范片发展工程。积极推进石门县、江华县全国重点生态主体功能区试点示范，抓好武陵山片区、湘江源头区域、衡阳、宁乡4个国家生态文明先行示范区建设，支持开展城步国家公园体制试点。实施森林禁伐减伐三年行动和湘江流域退耕还林、还湿试点，重视蓝山等湘江源头地区和东江湖水土保护，以及衡邵干旱

---

①郑彦妮，李鹏程.湖南生态文明建设研究［J］.湖南社会科学，2015（2）.

走廊综合治理，推进裸露山体和矿山复绿行动。深入开展两型示范创建活动，扩大政府两型采购范围。推进不动产统一登记和自然资源生态空间统一确权登记，制定公益林分类分区域生态补偿办法。探索建立和完善生态红线保护、生态补偿、责任追究、环境保护督查和环境监督执法等制度。[①]

二、实施"生态修复"

创新长株潭城市群生态绿心保护发展模式，建设具有国际品质的现代化生态型城市群。支持重点生态功能区建设，强化湘江等四水源头和水源涵养区生态保护。

1. 全面治理"一湖四水"

加强洞庭湖和湘、资、沅、澧四水水质监测，严格控制入河（湖）排污总量。全面实施湘江污染防治"一号工程"，推进湘江流域重金属污染治理，加快城镇污水垃圾处理设施建设，实现四水沿线城镇污水垃圾全收集全处理。实施重点水域水生态修复工程，确保全省城镇集中式饮用水源地水质稳定达到功能要求，"四水"干流达到Ⅲ类以上水质标准，洞庭湖水生态系统得到明显改善。适时启动相关优质水资源的开发利用工程建设，推进中心城市和重点城镇建立应急饮用水水源和备用水源。建设沿江、沿河、环湖水资源保护带、生态隔离带，增强水源涵养和水土保持能力。

2. 妥善处理江河湖泊关系

实施长江中游河势控制工程、以松滋口建闸为重点的四口河系整治工程及洪道整治工程。加强洞庭湖区蓄洪垸、重要一般垸和重点垸堤防建设，加快蓄滞洪区建设，完善洞庭湖区综合防洪工程体系。启动洞庭湖岳阳综合枢纽工程项目前期工作，调节洞庭湖枯季出流，实行蓄水养湖。对条件成熟的区域，实行退田还湖。统筹规划长江岸线资源，建立岸线资源有偿使用制度，严格岸线后方土地的

---

①参考《湖南省2016年政府工作报告》。

使用和管理，加大生态和生活岸线保护力度。

3.强化生态保护和修复

实施最严格的生态环境保护政策，坚决落实主体功能区制度，划定生态保护红线，强化国土空间合理开发和重点生态功能区保护。加强饮用水源地保护，划定饮用水源保护区，坚决取缔饮用水源保护区内的排污口。实行最严格的耕地保护制度，坚决杜绝乱占耕地行为。加强长江物种及栖息繁衍场所保护，强化水产种质资源保护区建设和管护。加大各类湿地、自然保护区、风景名胜区保护力度，在武陵山、洞庭湖等特色地区探索建立国家公园。推进武陵山片区、湘江源头区域全国生态文明先行示范区建设，加快循环经济示范试点建设。加快环洞庭湖区域生态防护林、长江天然林、长江防护林、水源涵养林、血防林体系建设，持续推进沿湖、沿河、沿路林带建设及岸线整治与生态景观恢复，支持创建森林城市。强化石漠化、水土流失、地质灾害以及衡邵干旱走廊地区的综合治理。加强大气污染防治，健全大气质量监测预警和应急体系，提升大气污染防治基础能力。

三、做好"节能降耗"

要加快淘汰落后产能，调整优化能源结构，加大清洁能源的比例，把大力发展以核电、风电为主的清洁能源和节能环保产业作为新的经济增长点，逐步降低煤炭消费比重。推进能源革命，加快能源技术创新，加快核电项目的申报和建设，加快发展风能、太阳能、生物质能、水能、地热能和页岩气开发，加强储能和智能电网建设，发展分布式能源，建设清洁低碳、安全高效的现代能源体系。重点打造沿江绿色能源产业带。安全有序发展核电，争取国家核准桃花江核电站，适时启动其他核电项目前期工作。在蒙华煤运通道沿线适度规划一批大型高效清洁的燃煤电站，积极开展低热值煤利用，加快现役燃煤火电机组节能减排升级改造。积极发展新能源，争取国家支持扩大风电、光伏发电年度建设规模，适度调整生物质资源用途，有效推进地热能资源的开发利用，稳妥推进余热余压利用和垃圾填埋气、焚烧发电。优化电网布局，推动甘肃—湖南直流特高压项目建设，争取西南优质大水电入湘；加强新能源、分布式电源等清洁能源输出工程建设，简化分布式电源入网报装和审批程序。加快中标页岩气区块勘探开发，尽快实现商业化开采。推进能源体制改革，开展峰谷分时和阶梯电价、阶梯气价和季节性气价等绿色能源价格改革，择机推广大用户直供、天然气建设与经营等市场改革。要加强政策引导，运用市场机制，积极推进工业、建筑、交通运输等重点领域和重点单位的节能降耗，努力走出一条能耗排放做"减法"、经济发展做"加法"的新路子。[1]

四、转变经济发展方式，调整产业结构

建设生态文明必须从转变经济发展方式这个源头抓起，把加强环境保护作为转变经济发展方式、调整产业结构的重要手段，努力实现经济发展与环境保护协调融合。按照十八大报告提出的促进生产空间集约高效战略推进产业的集聚，建设产业集聚的工业园区，同时大力培育和发展符合绿色经济、循环经济、低碳经济发展的新兴产业，淘汰落后产业，逐步建立合理的产业结构。[2]

1. 大力发展循环经济，逐步转变经济发展方式

目前，湖南在重点领域、重点行业全省有6个园区、5家企业列入国家循环经济试点示范，24家单位列入省级循环经济试点示范，形成了多方位、多层次的试点体系。以稀贵金属、有色金属、电子废弃物、生活废弃物等为主的再生资源产业，以工程机械、汽车、轨道交通装备等为主的再制造产业，以农作物秸秆利用、林业"三剩物"和畜禽粪便综合利用为主的农业循环经济快速发展，循环型

---

①尹少华. 湖南生态文明建设的"加减乘除"［EB/OL］.［2016-01-28］. http://news.sina. com.cn/o/2016-01-28/doc-ifxnzanh0231354.shtml.
②欧绍华. 湖南生态文明建设的困境和路径选择［EB/OL］.［2016-02-17］. http://news.sina. com.cn/o/2016-02-17/doc-ifxpmpqt1360924.shtml.

产业体系逐步成形。循环经济产业发展呈现出集聚化、园区化发展趋势，涌现出汨罗工业园、永兴循环经济工业园、长沙（浏阳、宁乡）再制造示范基地、衡阳松木经济开发区、岳阳绿色化工产业园等一批循环经济特色明显的园区。同时，万容科技、金龙集团、蓝田再生、同力循环等一批循环经济骨干企业得到发展，部分稀贵金属综合回收工艺达到国际先进水平，机床、机械及汽车零部件再制造技术达到国内领先水平。要进一步加强对循环经济的支持力度，在产业、投资、价格和收费、财政、税收、金融等方面出台一系列支持循环经济发展的政策措施，如保障循环经济产业项目用地、探索建立循环经济发展基金、尝试发行循环经济地方专项债券、制定鼓励生产过程废弃物资源化协同处理价格政策等，建成循环经济强省。

2. 打造全国先进制造业中心

培育万亿级装备制造业集群。抓住长沙国家成套智能制造装备区域集聚试点建设的契机，依托中联重科、三一重工、山河智能、泰富重工等核心企业，建立和完善面向全球的技术创新、产业配套、社会化服务和人才培育体系，形成全球智能制造装备产业区域创新中心和工程机械制造中心；依托南车株机所、南车株机、南车电机等龙头企业，以及变流技术国家工程研究中心、机车和动车组牵引与控制国家重点实验室、国家级企业技术中心和国防科大磁悬浮研究中心，加强技术创新和系统集成能力建设，形成全球领先的高端轨道交通装备研发与制造中心。做强千亿级特色产业。启动炼化一体化工程，建设国家煤炭、天然气等战略资源储备基地，促进煤化工产业发展，打造重点石化产业基地；依托上海大众、湖南吉利、广汽菲亚特、长沙比亚迪等骨干企业，提高整车和关键零部件及总成的自主研发能力，建成更加完善的生产、研发、营销服务和供应链体系，建成重要的汽车及零部件制造基地。

3. 建设现代服务业区域中心

进一步推进长沙市、衡阳市开展国家现代服务业改革试点，充分发挥试点的示范引导作用，改革服务业发展体制，创新服务业发展模式和业态。推动生产性服务业向专业化和价值链高端延伸，推动生活性服务业向精细和高品质转变，推动制造业由生产型向生产服务型转变，加快打造长江经济带物流中心、区域性金融服务中心、全国文化创意产业、健康产业基地和国际知名旅游目的地。依托中南传媒、芒果传媒、金鹰卡通、蓝猫动漫等品牌优势，大力发展工业设计、软件设计、广告与咨询策划等创意设计产业。精心培育张家界、韶山等十大国际旅游目的地，突出建设屈子祠、茶马古道等十大国内旅游著名品牌，重点打造湖湘文化精品游、湘西生态民俗风情游等十条精品旅游线路。

4.大力发展生态农业

湖南省发展生态农业具有得天独厚的优势。湘北洞庭湖平原地势平坦，水源充足，土层深厚肥沃；湘东、湘中丘陵盆地区地势平缓，排水良好，光照充足；湘西、湘南山区山高坡陡，地势高差悬殊，地处河流上源，自然环境相对洁净，动植物种类繁多。要以国内外市场需求为导向，以开发无公害农产品、绿色食品、有机食品为中心，以现代科学技术为支撑建设，一批技术水平高、经济效益好、带动力强的生态农业产业化龙头企业、生态农业科技示范园区和生态农业项目。要打造生态农产品品牌，如大湘西茶产业集群品牌，有古丈毛尖、黄金茶、碣滩茶、石门银峰等地方知名商标及地理保护产品，目前已经成为大湘西地区乃至全省的传统优势、支柱产业。湖南龙山县形成百合、柑橘、烤烟、蔬菜、中药材、畜牧水产养殖、粮油等七大特色农业产业。其中，百合种植规模和产量均居全国第一，占全国产量的1／6；中药材占全国药材品种总数的28.8%，蕴藏量达7.8万吨，位居全国县（市）的前列；"龙山百合""里耶脐橙""龙山萝卜""龙山玄参"等，已成为全国知名品牌和湖南省著名商标。依托湖南杂交水稻的品牌和技术优势，建设隆平国际"稻都"，将湖南打造成国际水稻种业创新研发中心。探索现代农业投入新模式，推进以益阳市为试点先行市的洞庭湖环湖现代农业综合配套改革试验区建设，促进农业集约、高效发展。

5.大力推动科技进步和创新

转变经济发展方式，优化产业结构，发展循环经济，这些都必须依靠科技的进步和创新。积极推进长株潭国家自主创新示范区建设，努力在科研院所转制、科技成果转化、军民融合发展、科技金融、人才引进等领域探索出新路子。总结推介中车株机等优势企业通过引进消化吸收再创新，形成自有知识产权和核心竞争力的经验。强化企业技术创新主体地位，让市场成为优化配置创新资源的主要手段，积极引导创新资源向企业集聚，促进企业真正成为技术创新主体，加速培育一批创新型领军企业，支持科技型中小企业健康发展。瞄准瓶颈制约问题，力求在关键领域和核心环节取得重大突破。推进有特色高水平大学和科研院所建设，争取一批国家实验室、重大科技基础设施、重大技术服务平台落户湖南，建设中部区域创新中心。构建产学研用合作创新联盟，要创造环境，大力推动对科技的进步和创新。对新投入的产业及其相关项目，要严把准入关。要严格按照最新的技术标准和环保标准完成项目审批，并注重该项目的后续监管，保证环保措施的落实。①

---

①参考《湖南"十三五"规划建议》。

第八章　湖北省生态文明建设

　　湖北省是承东启西、连南接北的交通枢纽，长江自西向东，横贯全省1062千米。长江及其最大支流汉江，润泽楚天，水网纵横，湖泊密布，湖北省因此又称"千湖之省"。湖北长江经济带，处于长江流域中心位置，交通枢纽地位突出，自然资源丰富，产业基础较好，城镇体系完备，是湖北省东、西两大区域联系的天然纽带。

第一节　湖北省生态资源概况

优越的气候、多样的地貌造就湖北丰富的生态资源。

1. 水资源

湖北水系发达，湖泊众多，坐拥"三江""五湖""六库"，有得天独厚的水资源。境内除长江、汉江干流外，省内各级河流河长5千米以上的有4228条，另有中小河流1193条，河流总长5.92万千米，其中河长在100千米以上的河流41条。境内的长江支流有汉水、沮水、漳水、清江、东荆河、陆水、澴水、倒水、举水、巴水、浠水、富水等。其中汉水为长江中游最大支流，在湖北境内由西北趋东南，流经13个县市，由陕西白河县将军河进入湖北郧西县，至武汉汇入长江，流程858千米。湖北素有"千湖之省"之称。境内湖泊主要分布在江汉平原上。面积百亩以上的湖泊800余个，湖泊总面积2983.5平方千米。面积大于100平方千米的湖泊有洪湖、长湖、梁子湖、斧头湖。

2. 动植物资源

全省不仅树种较多，而且起源古老，迄今仍保存有不少珍贵、稀有孑遗植物。除有属于国家一级保护树种水杉、珙桐、秃杉外，还有二级保护树种香果树、水青树、连香树、银杏、杜仲、金钱松、鹅掌楸等20种和三级保护树种秦岭冷杉、垂枝云杉、穗花杉、金钱槭、领春木、红豆树、厚朴等21种。藤本植物种类多而分布广，价值较高的有爬藤榕、苦皮藤、中华猕猴桃、葛藤、栝楼等10多种。被国家列为重点保护的野生动物112种。其中，属一类保护的有金丝猴、白鹳等23种；属二类保护的有江豚、猕猴、金猫、小天鹅、大鲵等89种。全省共有鱼类176种，其中以鲤科鱼类为主，占58%以上；其次为鳅科，占8%左右。全省鱼苗资源丰富，长江干流主要产卵场36处，其中半数以上在湖北境内。

3. 矿产资源

磷、矿盐、芒硝、石膏、铁、铜、金、银、石灰岩等是湖北省具有优势的矿产。化肥用橄榄岩、碘、溴、石榴子石、累脱石黏土、建筑用辉绿岩居全国首位。保有资源储量位于全国前10位的矿产有57种。按2000年底保有矿产资源储量，全国统一计算的矿产资源潜在价值，湖北省为14 728亿元，居全国第14位；人均潜在总值2.48万元，居全国第17位。

4. 旅游资源

湖北旅游资源富集，自然、人文和社会资源三者并存，以数量多、分布广、品位高、差异性强为其主要特征。一是山水风光独特，自然景观异彩纷呈。长江三峡、武汉东湖、武当山、大洪山、襄阳古隆中、通山九宫山、赤壁陆水湖为国家级风景名胜区；钟祥大口、当阳玉泉寺、宜昌大老岭、兴山龙门河、长阳清江、五峰柴埠溪、襄阳鹿门寺、谷城薤山、咸宁潜山、荆州八岭山、武汉九峰山、大别山天堂寨、神农架、松滋洈水等为国家级森林公园；神农架、五峰后河、长江新螺段及天鹅洲故道白鳍豚自然保护区为国家级自然保护区；神农架、武当山、明显陵分别被联合国教科文组织列入"人与自然保护圈计划"和"世界文化遗产目录"。长江三峡、黄鹤楼、葛洲坝被评为"中国旅游胜地四十佳"。二是文化沉淀丰富，文物古迹众多。湖北历史悠久，文化发达，中华始祖炎帝就诞生在湖北。楚文化根基深厚，特色鲜明，影响很大。仅江陵县就有楚城遗址5座，楚文化遗址73处。宗教文化在湖北发育充分，明朱棣"北建故宫，南修武当"，形成了武当山九宫九观，堪称我国道教文化的宝库。三国历史烟云陈迹，在湖北有140多处，以荆州古城、赤壁、当阳、隆中等为代表的三国文化是湖北旅游文化的又一特色。《2014年统计年鉴》统计，湖北省拥有国家历史文化名城5座（荆州、武汉、襄阳、随州、钟祥），国家级文物保护单位20处，省级历史文化名城4座（鄂州、黄州、荆门、恩施），省级文物保护单位达365处。

第二节　湖北省生态文明建设现状

早在2007年12月，湖北就被批为全国两型社会建设示范区，制定了"两型"法规制度、逐渐建立"两型"增长方式、不断推动"两型"文化扩散，生态文明建设取得了长足的进展。2013年7月，习近平总书记在视察湖北省时强调，要着力在生态文明建设上取得成效，在发展中既要金山银山，更要绿水青山，说到底绿水青山是最好的金山银山。生态文明建设已经成为湖北发展的一个非常重要的内容。

一、湖北省生态文明及制度建设取得成就

1．实施重大决策助推生态文明建设

生态理念贯穿始终。从"两型社会"建设、生态立省到"绿色决定生死"，生态湖北如一根绿线贯穿始终，生态强省理念深入人心成为全省持以继之的目标追求。"十一五""十二五"期间，湖北省按照科学发展观的要求，先后推出了实现经济社会长远发展的重大战略决策，如"两圈两带"战略、仙洪新农村实验区、东湖自主创新示范区、武汉新港以及大东湖水网建设等。重大决策的实施都与生态文明建设的内在要求相一致，成为生态文明建设的重要抓手。如武汉城市圈的目标就是要建设成为全国资源节约型和环境友好型社会示范区；鄂西生态文化旅游圈则从名称到主要工作内容皆为实践生态文明；湖北长江经济带以及汉江生态经济带都定位为生态文明建设示范带；武汉新港建设就是要充分利用长江这条"黄金水道"，加快发展能耗低、占用耕地少、运量大的水运业。

2．大力推广生态产业

一是大力发展生态农业。建立各类生态农业示范园区，大力发展无公害农产品、绿色食品和有机农产品，大大提高了农产品的附加值。许多地方推广稻鸭共

育、渔稻共生等一批高效生态农业模式。荆门成为国家现代农业示范区。二是大力发展循环经济。例如荆门市作为国家级循环经济试点城市之一，已初步形成了6条生态产业链。东西湖区作为国家第一批循环经济试点园区，在2011年时重点企业工业废物利用率就达到96%，农业废物秸秆、牛粪的利用率也在80%以上。青山区作为国家第二批循环经济试点，陆续启动70个循环经济项目，总投资近200亿元，实现了国内生产总值单位能耗降低20%左右、主要污染物排放总量减少20%的目标。三是大力发展生态旅游业。全省构建了以长江三峡、神农架和武当山"一江两山"为重点的生态旅游格局，形成了长江三峡神农架之旅、恩施原生态之旅、温泉之旅等多条以生态旅游为主的线路。

3.生态理念逐步深入人心，绿色消费观念逐步形成

全省加大生态文明理论宣传力度，在全省举行生态文明建设示范基地，国家级、省级生态乡村和镇、绿色社区、绿色学校、绿色企业、绿色生产等创建活动。截至2015年上半年，湖北省推进生态省、市、县、乡、村"五级联创"，全省国家级的生态乡镇达到了181个，生态村达到了919个，全省有31个城市正在创建省级环保模范城市，30多个市县推进创建省级生态县。同时各级党政部门努力创建"节约型机关""节能社区""节能家庭"。省会城市武汉市积极推进节能灯补贴，建立政府绿色采购制度，制定绿色产品目录，对空调机等产品实施强制采购节能产品，并开展废旧电池回收试点，建立较完备的回收系统，两型消费引导机制逐渐建立。"限塑令""光盘行动""绿色出行"等措施的实行，更是让绿色消费观念深入人心。

4.生态环境有所改善

全省地表水环境质量总体稳定。2017年，全省地表水环境质量状况总体良好，水质总体保持稳定。其中，179个河流监测断面中，水质优良符合Ⅰ～Ⅲ类标准的断面比例为86.6%。水质污染较重为劣Ⅴ类断面比例为3.9%。长江干流18个监测断面水质为优良，均达到Ⅱ～Ⅲ类；汉江干流20个监测断面水质为优，均达到

Ⅰ～Ⅱ类，水质总体保持稳定。全省环境空气质量明显改善，优良天数比例明显提高，主要污染物浓度大幅下降，17个重点城市空气优良天数比例平均为79.1%，较2016年上升5.7个百分点。六项主要污染物中，二氧化硫、二氧化氮、一氧化碳、臭氧浓度均达到国家环境空气质量二级标准。2016年125个县级以上（含县级）集中式饮用水水源地水质达标率为99.7%，2017年全省城镇集中式饮用水源地水质总体保持稳定。污染物总量减排一直是湖北省各级政府优环境、促发展的重要措施，也是政府的刚性约束目标责任，污染物总量减排取得进展，环境监管监测能力不断提高，环境质量稳中趋好。生态环境保持良好。按照《生态环境状况评价技术规范》进行评价，2016年全省生态环境状况良好，生态环境状况指数为71.1。17个市（州）生态环境状况指数范围为57.3～80.2。其中神农架林区、恩施州、宜昌市、十堰市和咸宁市生态环境状况等级为"优"，占全省国土总面积的44.1%；其余12个市（州）生态环境状况等级为"良"，占全省国土总面积的55.9%。全省102个县（市、区）中，生态环境状况等级为优的有34个县（市、区），占全省国土总面积的47.8%，主要分布在湖北省西部区域，以及咸宁市和黄冈市局部区域；等级为良的有60个县市区，占全省国土总面积52.0%。

5. 制度建设成果丰硕

省级层面出台了若干政策法规推进生态文明建设。为了推进生态文明建设，早在1994年12月，湖北省就根据《中华人民共和国环境保护法》及有关法律、法规，结合本省实际，制定了《湖北省环境保护条例》，并于1997年12月进行了修订。2009年10月13日省委省政府下发了《关于大力加强生态文明建设的意见》，标志着湖北省将生态文明建设上升到前所未有的高度，相关的一些条例法规陆续出台。2012年5月30日通过《湖北省湖泊保护条例》，2013年8月出台《湖北省绿色建筑行动实施方案》，2013年11月29日通过《湖北省耕地质量保护条例》。2014年湖北省加大环保方面法律法规制定与修订的力度，2014年1月22日通过《湖北省水污染防治条例》，2月24日通过《湖北省湿地公园管理办法》，3月17日通过《湖北省碳排放权管理和交易暂行办法》，3月27日通过《关于大力推进绿色发展的决定》，极大推进了节能环保、湖泊耕地保护、水污染治理、绿色发展等方面的建设。2014年10月，《湖北省生态保护红线划定方案》（征求意见稿）正式完成。2014年《湖北生态省建设规划纲要（2014—2030年）》（以下简称《纲要》）出台，《纲要》清晰地勾勒出湖北国土空间开发路线图，明确了湖北生态省建设的目标，"把湖北建设成为促进中部地区崛起的绿色支点"。同时积极配合国家生态文明建设，出台相关方面配套文件，如《关于贯彻落实国务院大气污染防治行动计划的实施意见》（鄂政发〔2014〕6号）。2015年2月，湖北省发布《湖北生态文明建设考核办法（试行）》《关于农作物秸秆露天焚烧和综合利用的决定》。2016年3月，湖北省人民政府颁布《湖北省取水许可和水资源费征收管理办法》。2017年1月21日，湖北省第十二届人民代表大会第五次会议通过《关于大力推进长江经济带生态保护和绿色发展的决定》。

6. 部门与地区的支持政策层出不穷

2010年6月财政厅出台了《湖北省生态文明建设以奖代补资金管理暂行办法》的文件，积极从财政方面推进生态文明建设。作为生态环境保护的主要责任单位，2014年湖北省环境保护厅加快了生态文明建设的步伐，出台了《关于深化全省环境保护改革的实施意见》《湖北省市州环保部门目标责任制管理考核办法（修订）》《关于印发"向污染宣战"三大行动实施方案的通知》等多项文件。作为"百湖之市"的省会武汉，早在1999年就出台了《保护城市自然山体湖泊办法》，2002年又出台了《武汉市湖泊保护条例》，随后《武汉市湖泊保护条例实施细则》《武汉市湖泊整治管理办法》也相继出台，对湖泊保护的地方立法国内最全。目前，武汉正在积极推进国家卫生城市、全国文明城市、国家环保模范城市的创建工作。副中心城市宜昌在2011年就制定了《宜昌市中小河流管理办法》，2014年以来，相继出台《关于加强城区山体及水域保护的决定》和《宜昌市第四批实施永久性保护的城区公共绿地目录》《宜昌市饮食业油烟污染防治管

理办法》《宜昌市城市扬尘污染防治管理办法》《宜昌市城区燃煤设施清洁能源改造方案》等一系列法规条例，生态文明建设步伐明显加速。

7. 生态环境经济制度框架初步形成

第一，探索碳交易。2014年4月，湖北碳排放权交易中心召开启动仪式，湖北成为继深圳、上海、北京、广东、天津之后第6个启动碳排放权交易的试点省市。并且与广东、山西、安徽等省签署了"碳排放权交易跨区域合作交流框架协议"；湖北碳排放权交易中心同中国建设银行湖北分行、中国民生银行武汉分行、上海浦发银行武汉分行等金融机构签署总额达600亿元的"低碳产业发展与湖北碳金融中心建设授信协议"；神农架林区政府与美国环保协会、湖北碳排放权交易中心签订碳资产开发与低碳扶贫战略框架协议。2014年，湖北省碳排放权交易配额总量高达3.24亿吨。在金融信贷方面，湖北持续推动绿色信贷服务地方经济转型升级，湖北银监局规定新增授信实行"环保一票否决制"。引导银行业在授信审批环节，建立环保政策"一票否决制"，对环保未达标的企业，无论其能带来多高的综合效益，只要未通过环保达标一律予以否决。第二，对"绿色行业"开启"绿色通道"。引导辖内银行业将绿色信贷所涉及的行业列为绿信号行业，对于绿信号行业借款人实行优先授信，并适当上调评级等级，为绿色信贷项目适当降低申贷门槛，实行优惠利率，降低企业融资成本。第三，明确绿色信贷授信计划。引导银行机构制定绿色信贷授信计划和政策，各行绿色信贷授信政策先后出台。如交行湖北省分行制定年度绿色信贷工作目标，保持绿色类贷款客户全覆盖等多个方面；中信银行武汉分行在信贷资源的分配上，要求优先满足绿色信贷需求，在利率定价上，对绿色信贷尽量不上浮。第四，在生态补偿方面，2009年，湖北省首个生态效益补偿试点在神农架正式实施，由省财政统筹向生态资源丰富地区提供生态补偿，探索建立生态环境补偿机制，建立破解生态保护与区域发展矛盾的基础性制度。2011年湖北秭归县生态公益林补偿工作正式启动，国家和省级每年对该县210万亩公益林的补偿投入将达到2000多万元，全县9万多个农户、30多万农民将直接受益。2012年黄冈启动大别山试验区生态补偿政策课题研究，并就此与国家环保部达成意向性合作协议，积极争取国家支持将黄冈全域纳入生态补偿范围。此前，黄冈的红安、麻城、罗田、英山和浠水5县市已连续三年获得国家重点生态功能区转移支付资金；水土保持和林业生态补偿机制也在部分县市试点推行。同时筹备设立"大别山试验区生态补偿专项"，将收取的资源性非税收入省级分成部分全部留存试验区，用于试验区禁伐性林场补偿、水土保持综合治理、易灾地区地质灾害治理、荒漠化治理等。目前，以南水北调中线工程涉及的汉江中下游地区生态补偿也在进行。

二、湖北省生态文明建设存在的问题

1. 湖北资源相对紧缺、环境问题突出

矿产资源不足。截至1997年，湖北省已发现矿产136种，探明储量的有86种。其中超过全国人均水平的仅29种。铁、铜、铝、锰等重要金属缺口大；能源类矿产资源严重短缺，煤、石油、天然气的储量少，已不能满足生产的需要。全省煤的探明储量约12亿吨，潜在资源量也仅10亿多吨，且伴生矿多，可利用的优质资源少。

土地资源利用低效。在经济建设的过程湖北的土地质量没有得到很好的保护。近年水土流失、土地污染、湖泊调节作用削弱，导致了土地生态环境恶化，土地资源退化，耕地质量下降。土地利用结构不尽合理。当前，湖北省耕地利用结构仍然是以生产粮食、经济作物为主，饲料作物发展不足，绿肥等养地作物播种面积下降；林地中用材林比重大，经济林、薪炭林、防护林比重小；草地中天然草地面积大，人工建设草地少。城市用地在城镇化过程总存在着盲目外延的现象，城镇占地质量好、占用耕地率高，城镇用地偏紧与浪费的现象并存，还存在土地利用不充分，土地利用结构失衡和用地布局不合理等问题。

水资源短缺。湖北省表面上看水资源丰富，多江相聚，湖泊众多。水能的理论蕴藏量为1823万千瓦，居全国第7位；可开发的水能资源为3309万千瓦，居全国

第4位，但是这掩盖不了水资源短缺的现实。据相关数据统计，全省水资源总量1027.8亿立方米，只占全国的3.5%，人均水资源量1732立方米，列全国第17位，低于全国平均值，接近国际公认的人均1700立方米严重缺水警戒线。同时，湖北省水资源时空分布不均，供水矛盾相当突出，降水主要集中在4—9月，占全年的70%~85%，1—3月和10—12月只占全年15%~30%，因此，湖北省常常是春夏防洪，秋冬抗旱。由于地形、地貌和气候等原因，湖北省水资源地区分布十分不均，鄂西南、鄂东南、鄂东等地，年径流量为700~1400毫米，而鄂北岗地只有200~300毫米，有个别地区甚至只有150毫米，鄂南与鄂北相差7倍，山区与平原相差3倍。水污染现象也日益严重。有调查显示，湖北省湖泊和城市内湖富营养化加剧；长江、汉江湖北段沿岸排污没有得到有效控制，形成多条污染带；汉江大部分支流受到污染，唐白河、蛮河、小清河等4条主要支流水质超过五类标准，连农田灌溉水质标准都达不到。

生物资源总体下降。湖北的生物资源存在着总量下降，物种减少的现象。林木采伐量大于生长量。野生动物资源遭到人为捕杀，生存条件日益困难，许多物种面临灭绝的危险。

2. 环境污染问题依然严重

随着两型社会的建设，湖北近几年虽然加大了污染治理力度，工业污染得到缓解，但工业三废污染问题仍未得到有效控制，总量仍较大。与此同时，城市生活垃圾量不断增加，已成为城市环境面临的紧迫问题。农村环境问题也不容忽视，不仅乡镇企业的低效高耗形成新的污染源，而且，农业生产中大量使用化肥、农药、农膜等，使水土污染及水土理化性能恶化。由于农村污染分散，治理起来更加困难。

3. 湖北发展方式仍不合理

一直以来，湖北是全国的老工业基地之一，经济增长仍以第二产业，主要以工业推动为主，钢铁、汽车、石化等行业仍然是支柱产业。传统产业、重化工业比重大，经济增长的粗放型特征比较明显，能源资源相对紧缺，环境容量有限，可持续发展面临巨大挑战。虽然这几年不断地调整经济结构，转变经济发展方式，但是粗放型的发展模式还未能从根本上改变，资源仍不能得到充分利用，结构型矛盾仍较突出。城镇化发展方式粗放。在过去观念尚未转变的时期，大部分地方把城镇化等同于城市建设，不顾地方经济发展的实际水平，大面积乱批乱占土地；把城镇化错误地理解为土地非农化，挤占大片农田。城镇化进程中只注重增量土地的发展，忽视存量土地的挖潜，任意扩大用地规模。虽然现在的城镇化逐渐由小城镇粗放式发展向注重质量的集约型发展转变，由关注城镇建设规模和人口数量向关注经济发展和提高居民整体素质转变，但观念的转变、现状的改变需要一个过程。

4. 湖北人口数量多，素质相对不高，生态文明意识有待加强

湖北人口总量持续增长。2012年，湖北省常住人口5779万人，比2011年增加21万人，自然增长率4.88‰。而2011年，人口自然增长率为4.38‰。人口增长趋势仍然严峻。湖北是教育大省，这几年教育发展非常快，但是全省常住人口中，文盲人口（15岁及以上不识字的人）为2 618 843人，仍占总人口的4.58%。建设生态文明，实现湖北的可持续发展，必须坚持从改变全社会的生产方式、生活方式、消费方式等方面入手，加强全民生态文明教育，构建全新的人与自然和谐的关系，努力实现经济、社会、自然环境的可持续发展。人口基数大、素质不高的状况，加大了生态文明的实施难度。

5. 制度建设仍需进一步完善

生态文明建设的法规体系建设还需进一步完善。为加强生态环境保护和建设，湖北省虽然制定了一系列法律法规，为生态保护提供了重要法律依据，但生态法律体系还须健全。有些方面还存在法规空白与缺项，不适应环境形势的新变化；有些法规相互不协调、不配套；有些法规太笼统、欠细化，给执行带来一定困难。如《武汉市城市绿线管理办法》和《武汉市规划局关于加强中心城区湖

边、山边、江边建筑规划管理的若干规定》，"前者仅将山体等同于路边花坛等道路绿地，后者只是规划部门规章，法律效力有限"，都已经无法适应今天的环境，2014年开始全面修订。

地方综合评价考核体系存在缺陷。在地区综合评价考核方面，由于湖北地方法规规章中有许多是在传统的"非持续发展"模式上制定的，不可避免存在重经济发展、轻生态保护的倾向，生态环保指标所占比重低，经济发展指标所占比重过高，以生态文明建设为核心的科学的评价体系还未有效形成。以GDP为导向的政绩考核制度造成了对地方官员政绩考核存在"一手硬一手软"问题。地方考核中的GDP增长速度、财政收入、就业率是地方官员所关注的硬指标，而平衡协调可持续发展是需要长期见效的软指标，通常会被地方官员忽视，导致地方官员重眼前轻长远的决策失衡、利益失衡、战略失衡。

环境执法成本高、违法成本低，监管机制不健全。当前在环境违法方面，有些处罚标准太轻，不足以震慑违法违规者。这既有法规体系的问题，也有地方保护伞以及监管者的管理权限不够等原因存在。如2014年4月底发生在武汉汉江段的水污染事件，就是因为上游汉川地区的生活污水及农田中的氨氮污染物因大雨冲入汉江中造成。但事件发生后，并没有相关单位及个人受到相应的处罚，对以后的生态环境维护可能会造成障碍。

公众参与机制未建立，尚未形成全社会生态价值导向。虽然湖北地区一般民众的尊重自然意识、生态权益意识、生态道德观念等生态环境意识有所觉醒和增强，但整体上生态文明建设的意识还是欠缺，对于生态文明建设不积极。重经济发展轻视环境保护的现象还比较普遍。在构建绿色消费模式中还存在政策法规不到位等问题，目前湖北虽然初步形成了以产品环境标志制度、绿色信贷、政府绿色采购法律制度等互为补充的法律制度框架和雏形，但主要以政府行政命令来规范生产者、消费者行为，激励性的经济政策不多，教育手段以及行为示范不够。

第三节　湖北省推进长江经济带生态文明建设思路与主要路径

湖北地处"长江之腰"，拥有长江干线1061千米，约占长江干线总长的1/3，长江岸线资源全国第一，是三峡工程库坝区和南水北调中线工程核心水源区所在地，保护长江生态的责任重大。党中央、国务院对湖北的发展寄予厚望，要求湖北建成中部地区崛起的重要战略支点，打造成为长江经济带的脊梁。2018年，习近平视察湖北时指出，要强化生态环境保护，牢固树立绿水青山就是金山银山的理念，统筹山水林田湖草系统治理，强化大气、水、土壤污染防治，让湖北天更蓝、地更绿、水更清。全省上下要充分认识湖北在长江经济带生态保护中的使命感、紧迫感，以将湖北建成长江经济带生态文明先行示范区为总体目标，切实把"坚持生态优先、绿色发展，共抓大保护，不搞大开发"这一战略定位贯彻落实好，使湖北绿水青山产生巨大生态效益、经济效益、社会效益。

一、严格实施湖北主体功能区制度

1. 重点开发区域

包括武汉城市圈核心地区、各地级市城市化规划地区，其功能是增强产业创新和集聚能力，重点发展先进制造业、现代服务业。充分利用好现有空间，改善人居环境，提高集聚人口的能力，承接重点生态功能区、农产品主产区和禁止开发区域的人口转移，以产业集聚带动人口集聚，以人口集聚进一步推动产业集聚，成为全省乃至全国重要的人口和经济密集区。优先支持武汉做大做强，巩固提升中部地区中心城市地位和作用，争取建设国家中心城市，为建设国际化大都市打下坚实基础。加强襄阳、宜昌两个省域副中心城市建设，将其建设成为鄂西南和鄂西北地区经济社会发展的重要增长极，推动鄂西生态文化旅游圈加快发展的引擎。支持黄石、鄂州等市重点发展生物医药、装备制造等先进制造业，改造提升钢铁、有色、建材等传统优势产业，建成全省重要的先进制造业基地，大力发展物流、旅游等现代服务业，增强综合实力。支持黄冈、孝感、咸宁等市发挥特色资源优势，发展电子信息等高新技术产业，纺织服装、食品饮料等劳动密集型产业和旅游等特色产业，依托武汉发展配套产业，加快工业化、城镇化进程，建成区域性物流基地和全省重要的农产品生产基地。支持十堰、随州等市发展整车（专用）汽车及零部件、物流、旅游等产业，建成全国重要的汽车产业集聚区、中国卡车之都、中国专用车之都、特色农产品出口基地、区域性现代服务中心、生态经济试验区和生态文化旅游中心。支持荆州、荆门等市发展化工、机械制造、汽车零部件、纺织服装、商贸物流和农产品加工，建成全省乃至全国重要的石油化工、纺织服装、农产品加工基地，重要的旅游目的地。

2. 重点生态功能区

大别山、秦巴山、武陵山、幕阜山等区域以修复生态、保护环境、提供生态产品为首要任务，增强水源涵养、水土保持、维护生物多样性等提供生态产品的能力，加强污染防治力度，维持生态系统平衡和稳定，保障全省生态安全。在不损害生态功能的前提下，因地制宜发展资源环境可承载的适宜产业，保持一定的经济增长速度和财政自给能力，引导超载人口逐步有序转移。健全公共服务体系，改善教育、医疗、文化等设施条件，提高公共服务供给能力和水平。严格控制开发强度，逐步减少农村居民点占用的空间，禁止成片蔓延式扩张，腾出更多空间用于生态系统的保护和良性循环。支持神农架林区加强生态环境保护，不断增强提供生态产品的能力，积极、适度发展旅游业。

3. 农产品主产区

江汉平原、鄂北岗地等地区要坚持以种养业为主体，调整农林牧副渔结构，在提高优质粮棉油产能的基础上，突出发展水产、畜牧、林特等优势产业。进一步提高耕地质量，优化布局结构，改善生产条件，提高产业化水平，逐步提高农业效益和竞争力，建立以粮、棉、油、生猪、水产、家禽等为重点的综合农业发展区，使之成为全国重要的优质农产品生产加工基地和商品粮基地。严格控制农村居民点占用的空间，除城关镇外原则上不再新建各类开发区和工业园区。

4. 禁止开发区域

各类自然保护区、地质公园、森林公园、风景名胜区和世界文化自然遗产等，依据法律法规和相关规划实施强制性保护，严格控制人为因素对自然生态的干扰，严禁不符合主体功能定位的开发活动，引导人口逐步有序转移，实现污染物"零排放"，提高环境质量，使之成为保护自然文化资源的重点地区、点状分布的重要生态功能区、生物多样性和珍稀动植物基因保护地。

二、用生态文明理论指导"两圈两带"战略实施

"两圈两带"战略是湖北省委省政府基于对省情深化认识的结果，是指导湖北省今后相当长一个时期发展的总体规划。武汉城市圈"两型社会"建设，切入点是资源节约和环境友好，关键是转变发展方式，这就要求在未来的发展过程中解放思想，大力建设现代服务业示范区、高新技术产业示范区、新型工业化工业园等加快转变经济发展方式的项目。鄂西圈建设要围绕"建设成为生态保护良好、生态旅游发达、生态经济繁荣的生态文明圈"的目标，在发展建设旅游基础设施、生态工业园、生态农业、提升产业结构等方面有所创新，进一步加大三峡库区、丹江口库区等重点区域水污染防治规划和生态建设力度。湖北长江经济带战略定位是打造生态文明示范带，建设以循环经济为核心的"两型"社会，构建流域生态安全格局，今后要紧紧围绕合理利用水资源，科学规划涉水产业，加大水资源综合利用和水环境保护与管理力度，构建水生态环境安全体系，成为全国水资源可持续利用的典型示范区。湖北汉江生态经济带战略定位为长江经济带绿色增长极、全国生态文明先行示范带，全国流域水利现代化示范带等等，今后要实施最严格的耕地保护制度、水资源管理制度、环境保护制度。建立反映市场供求和资源稀缺程度、体现生态价值和代际补偿的水资源有偿使用制度和生态补偿

制度。建立体现生态文明要求的资源消耗、环境损害、生态效益的目标体系、考核办法、奖惩机制，为全国生态文明制度建设积累经验。

三、用生态文明理论指导湖北新型城镇化建设

1. 推进湖北城市群建设

城市群正是集约型城市化道路的有效形式和集中体现。从湖北的实际来看，武汉城市圈建设取得了有目共睹的巨大成就，但由于其偏于鄂东，亟需在湖北省中西部地区培育新的增长极。2010年，湖北省《政府工作报告》首次提出形成"宜荆荆、襄十随等新的城市群"。2016年，湖北省发展和改革委员会已经启动两个城市群规划的编制。

2. 以县城为龙头发展县域经济

发展县域经济首先是把县城做大做强。湖北省县域经济强县都是县城实力较强的县。要把县城作为农村新型城镇化引领者，按照小城市的要求来规划。县城要强化工业的带动作用，提高农产品加工度，增强工业发展后劲，促进产业结构优化升级。在发展县城的同时，各县市选择少数重点镇进行集中开发。重点镇不宜太多，大县两三个，小县一个即可。其他一般镇按照国家十二五规划的要求，主要承担居住和服务的功能，要积极推进农业产业化经营，可以发展"飞地"经济，在县城开发区异地发展工业，推进产业集聚，积极融入城市工业、大型企业的分工协作体系。

3. 统筹城乡发展

协调推进城镇化和新农村建设，加快转变城乡"二元"结构，形成以工补农、以城带乡、城乡一体化发展新格局。大力推进城乡规划、产业布局、基础设施建设、公共服务的一体化。加强城乡规划的管理和协调，加快实现城乡规划全覆盖，形成比较完善的城乡规划编制体系和城乡一体的空间规划管制体系。统筹城乡产业发展，引导城市资金、技术、人才、管理等生产要素向农村合理流动。

统筹城乡基础设施建设，推动城市道路、供水、污水垃圾处理、园林绿化等基础设施向农村延伸。加快推进城乡公共服务一体化，逐步使城乡居民均等享有医疗、教育、文化、卫生等基本公共服务。促进农业转移人口市民化，放宽城镇户籍限制，使在城镇稳定就业和居住的农民有序转变为城镇居民。有计划有步骤地解决好农民工在城镇的就业和生活问题，逐步实现农民工在劳动报酬、子女就学、公共卫生、住房租购以及社会保障方面与城镇居民享有同等待遇。

4. 调整优化用地政策

是按照不同主体功能区的功能定位和发展方向，实行差别化的土地利用和土地管理政策，科学确定各类用地规模。确保耕地数量和质量，严格控制工业用地增加，适度增加城市居住用地，逐步减少农村居住用地，合理控制交通用地增长。探索实行城乡之间用地增减挂钩的政策，城镇建设用地的增加规模要与本地区农村建设用地的减少规模挂钩。探索实行城乡之间人地挂钩的政策，城镇建设用地的增加规模要与吸纳农村人口进入城市定居的规模挂钩。探索实行地区之间人地挂钩的政策，城市化地区建设用地的增加规模要与吸纳外来人口定居的规模挂钩。

四、转变经济发展方式，实现绿色低碳循环发展

严格环境准入标准，限制高耗能高排放、产能过剩及低水平重复项目的建设。继续引导企业向依法批准设立、符合产业功能定位、环境基础设施较为完善的园区集中，推动产业集聚发展和污染集中控制。落实"一票否决"制度，综合运用环保、价格、土地、信贷等多种手段，淘汰落后产能，促进企业节能减排技术改造升级。

1. 加快产业转型升级

促进产业特色发展、绿色发展、集群发展，打造现代产业集群，促进产业转型升级。大力发展高效生态农业，积极推进农业标准化生产，建设一批生态农

业综合示范区（园区）和综合示范工程。实施战略性新兴产业培育壮大工程，深度对接国家战略性新兴产业规划、政策和重大科技专项，加强政策集成和资源整合，大力培育发展新一代信息技术、高端装备与材料、生物产业、绿色低碳产业、新能源汽车、绿色创意产业等一批战略性新兴产业发展成为支柱产业。推动制造业向创新驱动型、质量效益型、绿色低碳型、智能融合型、生产服务型转变，不断提升制造业整体实力和竞争力。推进冶金、石化、建材、纺织等传统产业淘汰落后产能、兼并重组和技术改造，提高在细分市场的占有份额。加快推进建筑业转型发展，积极发展"绿色建筑"。坚持绿色发展导向，大力发展现代物流、金融服务、研发设计、商务咨询、软件和信息服务、科技服务、电子商务、节能环保服务、检验检测认证、人力资源服务等行业，打造一批具有全国影响力的现代服务业基地，包括建设全国重要的现代物流基地、长江中游区域性金融中心、全国重要的研发设计基地、中部电子商务中心、长江中游商业功能区中部旅游核心区。

2. 大力发展循环经济

循环经济作为一种有效平衡经济增长、社会发展和环境保护三者关系的经济发展模式，是生态文明建设的具体体现。湖北省应以发展循环经济为突破口，推进产业升级和城市转型，积极探索具有区域特色的循环经济发展新模式。湖北省已形成了一批达到世界先进水平和国内领先水平的重大科研成果，为循环产业发展提供了重要技术保障。如武锅木浆碱回收技术已接近世界先进水平，武汉法利莱切割系统有限公司基本建成了国内第一条量产的激光再制造设备生产线，华新水泥利用水泥窑协同处置城市生活垃圾技术处于国内领先水平。经过多年的发展，湖北培养了一批循环经济产业骨干企业和自主品牌，除格林美荆门产业园外，潜江市华山水产利用小龙虾废弃虾壳提取甲壳素生产精细保健品成为行业领军型企业；宜昌力帝环保主导产品废钢铁回收机械在国内市场占有率达到75%；洪湖浪米业有限公司利用稻壳灰生产白炭黑，使农副产品原料的综合利用率达到

99%。要继续推进包括"城市矿产"示范基地、再制造产业化工程、餐厨废弃物资源化利用和无害化处理建设工程、产业园区循环化改造工程、资源循环利用技术示范推广工程等的建设。同时，以循环经济理念构建生态产业体系，是一项集自然资源开发、生态环境保护、劳动者素质提升、科学技术进步、经济结构升级与法律制度完善于一体的系统工程，必须综合运用经济、政治、文化、法律等各种措施和手段进行管理，依靠国家、地方、企业、个人各方力量广泛参与并积极支持，逐步形成以政府主导、市场推进和企业主体的良性互动机制，最终才能实现产业体系的生态化发展。

3. 深入推进低碳试点示范

推进武汉国家低碳城市试点，开展省级低碳城市（镇）、园区、社区试点。深入推进碳排放权交易，完善碳排放权交易体系，开展碳现货远期交易试点。大力推进湖北碳排放权交易中心建设，加强与全国碳市场衔接，努力把武汉建设成为中部碳交易中心和全国碳金融中心。探索建立碳排放核查及低碳产品认证认可体系，实行主要排放行业重点企事业单位碳排放报告制度。

4. 大力推进科技创新

充分发挥科技创新对湖北省生态文明建设的支撑作用，重点实施一批重大科技攻关及示范项目，大力发展科技先导型、资源节约型、环境保护型的产业和产品，加快淘汰高消耗、高污染、低效益的工艺装备、产品和企业。注重生态技术的基础研究。开发一批对生态保护、生态经济有重大影响的关键技术，加强循环经济、清洁生产、湖泊富营养化治理、农业面源污染防治，以及生态修复等重大关键技术的创新研究与科技攻关。支持现有的与生态省建设相关的国家、省重点工程实验室和研究中心开展生态科技原创技术研究和各类生态经济模式设计的研究与开发，逐步建立一批在生态农业、清洁能源、生态重建、环保技术等生态经济和环境保护领域具有权威性的研发中心。推进生态科技成果转化。加强科学研究、科技工程示范和重大环境治理工程建设的衔接，积极吸引高等院校、科研机

构和高新技术企业参与生态环境建设方面的技术创新工作。重点推进清洁工艺、环保设备技术成果转化和产业化，以及生态农产品加工、绿色环保型农用生产资料的产业化。加快环保科研成果、绿色生产技术和循环经济新技术的推广应用。加强科技人才培养。充分发挥教育在人才培养中的先导性、全局性和基础性作用，加强生态环境、绿色产业、循环经济重点学科建设，加快高素质人才培养，有组织地对企业法人和经营者进行循环经济的培训。根据生态省建设重大项目需要，通过各种合作途径，加大国内外人才引进力度。

五、实施流域水资源开发和保护

1. 推进流域污染综合治理

重点推进长江、汉江和三峡库区、丹江口库区，洪湖、梁子湖等重点流域区域流域水污染防治，加快流域生活污水处理厂和配套管网建设，流域各市、县实施截污、减排、引水、节流、生态等有效措施。以工业企业、乡镇垃圾和规模化畜禽养殖业为污染综合整治重点，确保排放污染物稳定控制在排放标准和总量控制指标内。超过污染物排放总量的企业，必须制定具体的削减方案，并实行限产减污等强制性措施。在全流域实施排污申报登记和排污许可证制度的动态管理，严格排污口监管，定期向社会公布流域监测监控结果。加快建立船舶污染物处理物接收、转运、处置、监管机制，提升船舶污染处置能力。加强港口码头污染治理。严格控制水产畜禽养殖业污染治理，继续开展农村面源污染防治。进一步完善城乡垃圾、生活污水处理设施建设和改造。

2. 加强江河湖库水质达标检测

确保长江干流水质稳定在Ⅱ类水质标准，汉江干流达到并稳定在Ⅱ类水质标准。全省跨市界考核断面全部建成水质自动监测站，强化省、市跨界水质断面和重点断面的考核管理，确保跨界水环境水质达标。加强水环境监测预警和流域预警应急能力建设，建立流域突发环境事件风险防范体系和响应联动机制，提升风险防范水平。

3. 提升流域环境综合管理水平

强化对全流域生态功能区划和流域各项规划的综合管理，主要江河流域由省统一制订并组织实施流域综合整治方案，中小流域由地方政府组织落实整治任务。实施水功能区划管理制度，合理控制地下水开采，做到采补平衡。发展节水农业和节水工业，注重农业结构调整，优先发展节水作物。

4. 加强流域生态环境保护

制定流域生态功能区划和生态环境保护规划，重点加强重要生态功能区、重点资源开发区和生态良好区的保护。采取工程建设与管控措施相结合、生态修复与污染治理相结合、湖泊治理与河网治理相结合等措施，恢复江湖自然连通，重塑"千湖之省"生态品牌。加强水利基础设施建设，进一步完善长江防洪减灾体系，实现长江干流及重要支流堤防全部达标建设。加强湿地保护与建设，大力实施退耕还湿、退渔还湿等工程，扩大湿地面积，恢复湿地功能。加快长江经济带生态廊道建设，采取封山育林、退耕还林、植树种草等措施，增加林草植被。加强天然林保护，全面禁止天然林商业性采伐。加强生物多样性保护，划定生物多样性保护优先区域，提出重点领域和优先行动，有效遏制生物多样性维护功能持续下降趋势。禁止对野生动植物进行滥捕、乱采、乱猎。加强对外来开发的监管和矿山生态环境恢复治理，坚决关闭不符合环保要求的矿山，控制流域的水土流失。严格岸线审批制度，统筹优化岸线利用和港口布局，关闭非法码头。

第九章　江西省生态文明建设

江西省位于长江中下游南岸，东邻浙江省、福建省，南连广东省，西接湖南省，北毗湖北省、安徽省而共接长江。江西省政府在印发的《贯彻国务院关于依托黄金水道推动长江经济带发展的指导意见的实施意见》中指出，要全境融入长江经济带发展战略之中，加强长江中下游生态屏障建设，构建江湖和谐生态安全格局。

第一节　江西省生态资源概况

江西省自然资源丰富，生态环境优良，生态区位非常重要。

1. 水资源和水力资源

地表水资源。丰富的地表水资源为江西省的一大潜在优势。全省平均年降水深1600毫米，相应平均每年降水总量约2670亿立方米。河川多年平均径流总量1385亿立方米（根据全国水资源调查评价统一规定计算），折合平均径流深828毫米，径流总量居全国第7位。按人口平均居全国第5位，按耕地平均居全国第6位。约相当全国亩均占有水量的2倍。

地下水资源。地下水天然资源多年平均值为212亿立方米以上。全省具有集中开采价值的地下水资源为68亿立方米/年。赣北富于赣南，赣西富于赣东。鄱阳湖平原最丰富，具集中供水意义的冲积层潜水可开采资源达31亿立方米/年；其次为袁水、锦江和泸水流域等。

水力资源。全省水能理论蕴藏量682万千瓦以上。与主要负荷中心的华东、东北、华北地区各省相比处于较为丰富的地位。在华东地区6个省区中处于第2位。据统计，江西可能开发的水力资源有610.89万千瓦，年发电量215.61亿千瓦·时。省内中小河流密布，广大农村蕴藏着相当丰富的小水电资源，全省可开发的万千瓦以下小型水电站装机容量209.32万千瓦，年发电量63.31亿千瓦·时。全省可开发小水电资源在1万千瓦以上的有60个县。

2. 植物资源

江西全省种子植物约有4000种，蕨类植物约有470种，苔藓类植物约有100种。低等植物中的大型真菌可达500余种，有标本依据的就有300余种，其中可食用者有100多种。植物系统演化中各个阶段的代表植物江西均有分布，同时发现不少原始性状的古老植物，还有"活化石"银杏等。这些丰富的植物资源充分表明，包括江西省在内的中国亚热带地区是近代植物区系的起源中心之一。江西珍稀、濒危树种中有110种属于中国特有。如水松、金钱松、柳杉、华东黄杉、木莲、玉兰等60余种属中国亚热带特有；江西杜鹃、井冈杜鹃、红花杜鹃、背绒杜鹃、江西山柳、江西槭、美毛含笑、柳叶腊梅、全缘红花油茶、井冈厚皮香、井冈猕猴桃、井冈葡萄、井冈绣线梅、寻乌藤竹、河边竹、厚皮毛竹等16种属中国江西特有。这些品种约占全省珍稀树种的73.3%。江西境内尚有不少古木大树。如庐山晋植"三宝树"、东林寺"六朝松"以及树龄逾千年的"植物三元老"之一的古银杏也保留有数十处。据不完全统计，全省保留下来的古木大树有近40种，分属13科29属，分布点达95处之多。特别是古樟树，为江西一大特色。现500龄以上的古樟树有30余处，300龄以上的古樟几乎每村都有。江西旧称豫章，即因遍布樟树而得名。今南昌等城市均选樟树作为绿化用树。

3. 动物资源

江西水域面积广阔，山地峻峭延绵，植被覆盖率较高，森林覆盖率达60%，为全中国森林覆盖率最高的省份之一。生态环境较为优越，特别是近年来环保措施的不断加强，丰富的动物资源日益得到有效保护。历年调查表明，全省有脊椎动物600余种。其中，鱼类170余种，约占全国的21.4%（淡水鱼）；两栖类40余种，约占全国的20.4%；爬行类70余种，约占全国的23.5%；鸟类270余种，约占全国的23.2%；兽类50多种，约占全国的13.3%。鱼类和鸟类种类较多，经济价值较大，成为开发利用和资源保护的重点。[1]

4. 矿产资源

江西矿产资源丰富。在中国已探明储量的220多种矿产中，江西有101种，保有储量居中国前十位的有54种。其中铜、银、钽等10种居第1位，钨、金、钪等

---

[1]根据江西省人民政府网站资料整理。

9种居第2位，铋、普通萤石、硅灰石等6种居第3位。铜、钨、银、钽铌、铀、金、稀土被誉为江西的"七朵金花"。亚洲最大的铜矿和中国最大的铜冶炼基地分别为江西的德兴铜矿和贵溪冶炼厂。大理石、高岭土、花岗石、莹石等非金属矿产储量也非常丰富。

5. 旅游资源

全省边界山脉奇峰异谷、飞瀑流泉、云海雾岚。悠远的人文景观、秀丽的自然风采，使江西成为诱人的旅游胜地。庐山、三清山、龙虎山、井冈山为国家级风景名胜区。庐山1996年被联合国科教文组织批准为"世界文化景观"而列入《世界遗产名录》。三清山、龙虎山属中国道教名山。红色旅游资源丰富，井冈山是新中国的摇篮，是中国第一个农村革命根据地。江西有源远流长的赣鄱文化。江西素有"物华天宝，人杰地灵"之美誉，陶渊明、欧阳修、曾巩、王安石、朱熹、文天祥、汤显祖等一大批文学巨匠，灿若群星。千年瓷都景德镇、千年道教祖庭龙虎山、千年名楼滕王阁、千年书院白鹿洞、千年药都樟树以及千年临川文化、千年庐陵文化、千年佛教净土宗和禅宗文化、千年客家文化、千年古村文化、千年商埠文化内涵独特，底蕴深厚，构成了丰富多彩并极富多元性、原生性和传承性的人文生态环境，闪耀着赣鄱文化的灿烂光华。

第二节　江西省生态文明建设现状

生态是江西最大的优势，绿色是江西最亮的品牌。自改革开放以来，从"山江湖工程"到鄱阳湖生态经济区的建设，到"十六字"方针（发展升级、小康提速、绿色崛起、实干兴赣），再到生态文明先行示范区建设，江西始终高度重视生态保护，走出了一条具有自身特色的绿色崛起的新路子。

一、江西省生态建设取得的成效

1.生态文明建设起步较早

作为国家首批生态文明先行示范区之一，江西省正着力完善法律、法规和政策保障，加快推进有利于生态环保的长效机制，为建设全国生态文明示范省提供制度支撑。2009年，江西省政府发布国内首个低碳经济发展白皮书——《江西省低碳经济社会发展纲要》（白皮书）。白皮书立足并服务于建设鄱阳湖生态经济区的需要，全面介绍江西省近年来促进低碳经济社会建设在科学发展战略、产业结构和能源结构升级、区域布局、科技创新、政策扶持、国际合作等方面的工作成效及加快低碳经济社会发展的政策措施，成为江西推进生态文明建设和科学发展、积极应对气候变化的宣言。同年12月，《鄱阳湖生态经济区规划》获得国家批复，使得江西率先开始探索生态与经济协调发展的道路。同年出台了《江西省人民政府关于加强"五河一湖"及东江源头环境保护的若干意见》。2012年出台了《江西省湿地保护条例》《鄱阳湖生态经济区环境保护条例》《赣江管理条例》等规章制度，保护鄱阳湖一湖清水。2014年，江西省推出了《江西省生态文明先行示范区建设实施方案》，并使江西省建设生态文明先行示范区成为国家的一个重大战略，这也是鄱阳湖生态经济区规划、赣南等原中央苏区振兴发展后的第三个国家战略。这一方案的出台预示着江西省是第一个全境列入的国家战略。江西以改革为抓手，不断完善生态建设决策和考评体系。江西省会南昌市是在全国较早探索分类差异化考核的地方之一。2014年，江西省发布了《市县科学发展综合考核评价实施意见》，明确提出对全省11个设区市和100个县（市、区）的发展评价将污染物排放、空气质量等纳入评价范畴，并实行分类差异化绿色考核体系，对节能减排不合格的市县区实行"一票否决"。同时，除了实施差异化的考核，江西省还相继探索相关生态文明制度，包括建立生态环境损害责任终身追究制度、领导干部约谈制度（该制度与生态环境质量检测结果相挂钩），同时还实施了领导干部自然资源资产离任审计等一系列制度。2014年，江西省全省被国家列入生态文明先行示范区建设地区。

2. 生态环境状况良好

江西省生态环境质量一直走在全国前列。2014年，江西城镇污水处理设施实现市县全覆盖，国家重要水功能区达标率为83.1%，11个设区市城区环境空气质量达到国家Ⅱ级标准，生态环境质量位居全国前列。2015年，江西全面启动生态文明先行示范区建设，完成生态红线、水资源红线划定、示范区建设，各相关工作全面跟进。强化以工业废气、机动车尾气和城市扬尘污染治理为重点的"净空"行动，实现PM$_{2.5}$监测设区市城区全覆盖，全省空气环境质量优良率90.1%；强化以"五河一湖"及东江源头保护、工业及生活污水排放治理为重点的"净水"行动，全省地表水监测断面水质达标率81%；强化以城乡生活垃圾、农村面源污染、重金属污染和矿区污染治理为重点的"净土"行动，土壤污染得到控制。完成植树造林214.7万亩、森林抚育560万亩。南昌、宜春成功创建国家森林城市，吉安获批全国生态保护与建设示范区。在全国率先实行全境流域生态补偿，首期筹集补偿资金20.91亿元。创新河湖管理与保护制度，建立了省、市、县三级"河长制"。2016年地表水总体水质良好，9条主要河流（赣江、抚河、信江、修河、饶河、长江、袁水、萍水河和东江）和3个主要湖库（鄱阳湖、柘林湖、仙女湖）共设水质监测断面（点位）194个，其中，长江、抚河、修河和东江水质总体为优；赣江、信江、饶河、袁水、萍水河和环鄱阳湖区河流水质总体为良好。主要湖库Ⅰ～Ⅲ类水质点位比例为28.0%。其中，柘林湖水质总体为优，鄱阳湖和仙女湖水质为轻度污染。设市区集中式饮用水源地监测水源达标率为99.8%。

二、江西省生态环境面临的挑战

1. 水资源问题

一是水资源时空分布不均，年际间地表水资源量极值相差近4倍，区域之间降水量极值相差4.7倍，与用水需求极不匹配。二是水资源调控能力不足，缺少大型骨干控制水利工程，大部分降水以洪水形式流走，不仅造成资源浪费，还往往形成灾害。三是水生态环境恶化趋势加剧。20世纪八九十年代水质基本上以Ⅱ类为主，现在基本以Ⅲ、Ⅳ类为主，甚至出现Ⅴ类、劣Ⅴ类水。[①]四是水土流失依然严重。2011年全国第一次水利普查结果显示，江西有2.64万平方千米面积存在轻度以上水土流失；江西土壤侵蚀以水力侵蚀为主，水力侵蚀总面积26 496.87平方千米，占全省国土面积的15.87%；按侵蚀强度分，轻度侵蚀面积14 895.82平方千米，中度侵蚀面积7557.66平方千米，强烈侵蚀面积3158.15平方千米，极强烈侵蚀面积776.42平方千米，剧烈侵蚀面积108.82平方千米，其中强度为中度侵蚀以上的面积占全省国土面积的6.95%。在南方红壤丘陵区8个省份（湖南、江西、浙江、广东、福建、安徽、湖北、海南）中，江西水土流失面积占南方红壤区水土流失总面积的17.08%，水土流失面积占比为第二高。[②]

2. 森林植被质量不高

江西省森林亩平蓄积量只有全国平均水平57.3%，森林资源分布不合理，平原地区造林绿化相对滞后，特别是人口稠密的城镇、村庄造林绿化整体水平比较低，通道绿化档次不高、缺少精品。江西森林结构不合理，呈现出"五多五少"现象，即纯林多、混交林少，单层林多、复层林少，中幼林多、成过熟林少，小径材多、大径材少，一般用材树种多、珍贵树种少。其中，优势林分构与龄组结构最为突出。按树种分：江西省乔木林大概有18种类型的林分，其中针叶林6种、阔叶林12种，而福建有大约28种，其中针叶林11种，阔叶林17种，其林分类型丰富度要比江西高；江西杉木、马尾松、湿地松林的面积较多，分别占乔木林面积的23.3%、14.6%、6.5%，与第七次调查结果（25.67%、20.75%、5.92%）差异不大。按龄组分：中幼龄林比例超过87%，其中幼龄林和中龄林分别占46.1%和41.2%；近熟林占6.6%；成熟林和过熟林分别占5.4%和0.6%。按蓄积量算，中幼

①孙晓山.江西省生态文明先行示范区建设探讨［J］.中国水利，2015（1）：14-15.
②杨锦琦.江西生态环境建设存在的问题与对策建议［J］.经济期刊，2015（7）：208-209.

龄林比例超过75%，其中幼龄林和中龄林分别为23.1%和52.6%；近熟林占12.1%；成熟林和过熟林分别为10.9%和1.5%。由于森林质量不高，森林生态功能没有充分发挥出来。

3. 矿产开采导致污染与生态破坏严重

江西是我国主要的有色、稀有、稀土矿产基地之一，也是我国矿产资源配套程度较高的省份之一。矿产资源的开发，促进了江西省经济社会发展，也形成了德兴、瑞昌、贵溪、新余、萍乡、丰城等一批以矿业经济为主的资源型城市，为江西省国民经济发展做出了重要贡献。江西已成为全国重要的铜、钨、稀土、钽、铀、锂、岩盐、硅、陶瓷材料矿业基地，产业集聚效应进一步显现。但是，由于矿产资源长期的开发利用造成了严重的生态恶化、环境污染以及资源浪费。矿产资源的开采造成采空地面塌陷、地裂缝、滑坡、崩塌、泥石流等地质灾害，造成矿区土地大面积积水受淹或盐渍化，使矿区土地流失和土地荒漠化加剧。开采产生的"三废"，对大气、土壤、地表水和地下水造成损害，部分矿区还出现了重金属、砷、氟等有害成分的积累及外泄，导致严重污染环境。江西虽然加强了绿色矿山建设，在矿产资源综合利用、循环经济模式建立、矿山环境保护、土地复垦等方面取得了一批重要成果。但由于企业规模小、生产粗放、工艺技术水平低、设备落后，造成全省矿产资源利用总体水平仍然较低，矿山地质环境和生态环境问题积累，"包袱"沉重，短期内难以改变现状。

4. 生物多样性受到严重威胁

由于天然阔叶林面积减少及林分质量下降，野生动植物生存空间日益缩小。同时对野生动植物进行不合理的开发利用，致使野生动植物种群数量明显下降，不少受国家保护的珍稀动植物濒临灭绝。

5. 农业面源污染扩大

江西省农业面源污染严重，在生产过程中大量使用化肥、农药、农膜，规模畜禽养殖粪污大量向外排放，水产饵料超量使用，农村生活污水和垃圾的无序排放，农业、农村生态环境的污染负荷急剧增加。如化肥施用量呈持续增长趋势，2013年，江西耕地面积282.7万公顷，化肥年施用量141.6万吨，在全国排名18位，单位耕地化肥施用量为500.8千克/公顷，远远超过世界平均水平94.5千克/公顷；利用率极低，化肥利用率为30%～40%，其余60%～70%随地表径流流入受纳水体；农药用量以年均5.8%的速度增长，而农药施用后10%～20%附着在植物体上，80%～90%散落在土壤和水体里；畜禽养殖规模扩大，肉类以每年5.4%左右的速率递增，水产品以每年5.5%左右的速率递增。据资料显示，江西农业面源污染中总氮产生量为10万～12万吨/年，总磷为5万～6万吨/年。其中畜牧养殖业约占65%，畜禽粪便污染逐年加重，导致了一些主要江河、湖库的COD（化学需氧量）、总磷、总氮超标，引起水环境质量恶化；农村生活污染主要分布在赣江、信江、抚河、饶河、修水、鄱阳湖及其源头等人口集中地区。[①]

6. 经济增长方式有待进一步转变

长期以来，江西省用了靠加大投入获取经济增长的粗放型模式。这种外延式粗放型经济增长方式对资源采取掠夺式粗放型开发利用方式，导致短期内消耗了大量的自然资源，超过了生态环境的承载能力。同时，不合理的产业结构破坏了生态环境建设。如，江西省重工业产品多为初级加工产品，深加工产品比重小，具有工业能耗高、污染重、生态成本增加等特点，经济效益比较低。

第三节　江西省推进长江经济带生态文明建设思路与主要路径

绿色生态是江西最大的财富、最大的优势、最大的品牌。要以建设国家生态文明先行示范区为抓手，抓住长江经济带共抓大保护，不搞大开发机遇，大力发

---

①杨锦琦. 江西生态环境建设存在的问题与对策建议［J］. 经济期刊，2015（7）：208-209.

展绿色产业，实施绿色工程，培育绿色文化，打造绿色品牌，健全绿色制度，加快绿色崛起步伐。

一、深入实施主体功能区制度

加快推进国家生态红线划定试点工作，将禁止开发区和重要江河源头、主要山脉、重点湖泊等生态功能极重要地区划入红线范围。严守耕地保护红线，将耕地林地保有量、基本农田保护面积列入市县科学发展综合考核评价体系。严格执行矿产资源规划分区管理制度。强化城乡规划约束力，划定城市禁建区、限建区、适建区，严格"绿线、蓝线、紫线、黄线"四线管制，坚决制止城镇建设用地盲目无序扩张。积极争取将江西省武夷山脉、罗霄山脉、幕阜山脉、怀玉山脉、雩山山脉核心区域县（市）和重要江河源头县（市）、鄱阳湖湿地调整纳入国家重点生态功能区范围。

二、优化"一湖五河三屏"生态安全格局

构建"一湖五河三屏"生态安全格局。"一湖"指鄱阳湖；"五河"指赣、抚、信、饶、修五大河；"三屏"指赣东北—赣东山地森林生态屏障、赣西北—赣西山地森林生态屏障、赣南山地森林生态屏障。统筹推进长江九江段、鄱阳湖、江河源头和重点生态功能区的生态保护，积极探索大湖流域综合开发治理新模式。重点是有序推进九江长江沿线开发治理，依法建立岸线资源有偿使用制度，划定沿江地区用水总量、用水效率、水功能区纳污"三条红线"。强化入江水生态环境保护和治理，加大沿江化工等排污行业环境隐患排查和集中治理力度，加强水上危险品运输安全监管和船舶污水排放控制，确保沿江工业和生活污水集中处理、达标排放。启动实施新一轮长江防护林工程，构建沿江生态屏障。严格限制鄱阳湖最高水位线外1千米内化肥施用量大的农业活动，严厉打击鄱阳湖流域非法采砂行为。加强跨界流域水质及水量断面监测，建立跨行政区的水环境保护奖惩机制。在环境敏感区、生态脆弱区、水环境容量不足的区域，制订比国

家标准更严格的水污染排放标准，市县生活、工业污水处理设施必须配套建设脱氮除磷设施。加大植树造林力度，开展自然保护区、风景名胜区、水产种质资源保护区和森林公园"三区一园"升级工程。大力实施森林质量提升工程。实施湿地保护工程，实施鄱阳湖流域清洁水系工程，强化水源涵养区、江河源头、饮用水源保护区和备用水源地等重点区域保护与生态修复，切实保护"一湖清水"。实施鄱阳湖湿地生态修复工程，加强"五河"源头、重点湖库、江河干流地区和城市规划区域的湿地保护。全面提升湿地公园建设管理水平。建立健全湿地资源监测体系，加大湿地生物资源保护力度，提升湿地生态系统功能。保护珍稀动植物资源，加快候鸟、江豚和鱼类资源等野生动植物救护中心和繁殖基地建设，打造国际生物多样性科普教育和研究基地。

三、大力发展绿色产业

产业是经济发展的基础，是绿色崛起的支撑。要在构建绿色工业体系、绿色农业体系、绿色服务业体系上下功夫，将生态优势转变为经济优势、把生态资本转变为发展资本、以绿色产业发展引领经济转型升级，为江西绿色崛起打牢根基，为建设生态文明先行示范区增添动力。

1. 构建绿色工业发展模式

以创新为引领，加快工业产业升级，形成绿色工业发展模式，破解工业发展与环境保护的"两难"，实现"双赢"。要大力发展战略性新兴产业，实施战略性新兴产业倍增计划，推进LED（发光二极管）产业基地建设，加快打造"南昌光谷"，建成欧菲光产业园、深圳兆驰节能照明电子产品生产基地和吉安木林森节能绿色照明LED产业基地。推进江铃新能源汽车、江铃股份小蓝基地扩产等项目建设，壮大汽车制造产业。加快南昌航空城、昌飞吕蒙直升机总装园建设，大力发展航空产业。研究制订支持生物医药产业发展的政策措施，加大生物医药企业集聚和产业整合力度。要加快赣南国家级承接产业转移示范区和南昌、赣州、上饶、宜春、吉安国家加工贸易梯度转移重点承接地建设，推进九江市沿江产业承接转型升级示范区、瑞兴于经济振兴试验区建设。实施新一轮传统产业技术改造升级工程，推进钢铁产品制造升级和钨、稀土整合重组，推动铜精深加工、建材节能环保、石化产业综合利用转型和服装家纺品牌提升。

2. 构建生态有机的绿色农业体系

实施绿色生态产业标准化建设行动。紧扣江西省粮食、油料、蔬菜、柑橘、茶叶、猕猴桃、生猪、水禽、大宗淡水鱼、特种水产等十大主导及特色产业，加快制修订符合江西实际的绿色生态农产品生产标准，示范推广一批简明易懂的生产技术操作规程，推进农业生产规范化。实施绿色生态品牌建设行动。实施"生态鄱阳湖、绿色农产品"品牌培育计划，挖掘一批老字号、"贡"字号农产品品牌、做大做强一批产业优势品牌、培育壮大一批企业自主品牌、整合扶强一批区域公用品牌，重点打造"四绿一红"茶叶、鄱阳湖品牌水产品、"泰和乌鸡、崇仁麻鸡、宁都黄鸡"优质地方鸡等品牌。鼓励种养大户、家庭农场、合作社、龙头企业等开展紧密合作，建立基地，注册商标。引导各类市场主体申请中国驰名商标、江西著名商标认定。加大知识产权保护力度，重点维护好农产品老字号、"贡"字号和区域性公共品牌价值，提升品牌社会公信力。统筹相关财政专项资金，在农业生产废弃物处置及利用、新型肥料农药推广、重金属污染治理等实施绿色补贴政策和生态补偿政策。进一步推动扩大农业保险范围，创新绿色生态农业保险品种。大力发展农业担保体系，加大绿色生态农业发展金融支持力度。充分发挥市场配置资源的决定性作用，引导社会资本、金融资本支持绿色生态农业工程的推进。

3. 大力发展现代服务业

当今世界，服务业日益成为引领转型发展的新引擎、新方向。近年来，江西省现代服务业保持较快发展，总量不断扩大，比重逐步提高，尤其是旅游、金融、物流等服务业风生水起，呈现爆发式增长的态势，要认真落实《服务业发展提速三年行动计划》，推动生产性服务业加速提升。江西旅游资源丰富，要推动旅游业趁势而上，推动新兴服务业抢占先机，推动现代服务业跃上新台阶，为加快江西省绿色崛起打造强劲新引擎。[①]要依托红色、绿色、古色资源优势，重点发展红色旅游、生态山水旅游和历史文化旅游，强化旅游产业配套，壮大旅游产业规模，提升旅游产业竞争力，努力把旅游产业打造成江西最大的特色、最大的优势、最大的亮点和绿色崛起的第一窗口、第一名片、第一品牌。

四、大力发展循环经济

江西省要大力实施循环发展引领计划，推行企业循环式生产、产业循环式组合，推进一批循环低碳试点示范工程，形成覆盖全社会的资源循环利用体系。

1. 构建循环型产业体系

大力发展循环型工业，提高资源产出率。重点推进钢铁、有色、煤炭、建材、纺织、中药、竹木加工等行业循环发展，推进永修云山开发区、江西铜业集团、新余钢铁集团等国家级、省级循环经济示范园区、试点企业建设；推动汽车零部件、矿山机械、家用电器等领域再制造产业规模化发展，培育一批再制造产业示范基地和企业。着力发展循环型农业，积极推广"猪—沼—果""秸秆—食用菌—有机肥—种植"等农业循环经济典型模式，建设一批种养结合的循环型生态农业示范园。加快发展循环型服务业，推进服务主体绿色化、服务过程清洁化，促进旅游、通信、零售批发、餐饮、物流等产业融合发展、绿色发展。

2. 构建再生资源循环利用体系

推动煤矸石、粉煤灰、冶炼废渣等工业废弃物、建筑废弃物、生活废弃物以及农林废弃物等资源再生利用。推进废旧电子电器、废旧金属、废橡胶、废纸等再生资源规模化利用。健全城市生活垃圾分类回收网络，积极开展餐厨废弃物资源化利

---

① 江西日报评论员. 夯实绿色发展的产业基础 [N]. 江西日报，2015-07-27（1）.

用和无害化处理，建立健全餐厨废弃物产生登记、定点回收、集中处理、资源化产品评估认证及监督管理体系，不断优化技术路线，提高资源化利用和无害化处理水平。加强再生资源循环利用技术研发、引进工作，重点推进废弃塑料、节能灯、废电池等循环利用。

3. 实施重大试点示范工程

要继续推进新余钢铁再生资源产业基地、鹰潭（贵溪）铜产业循环经济基地国家"城市矿产"示范基地建设。建设好贵溪市国家循环经济示范城市，积极推进吉安市、丰城市、樟树市等创建国家循环经济示范城市（县）。加快南昌、赣州餐厨废弃物资源化利用和无害化处理试点城市建设，推动新余、抚州、萍乡、上饶、九江等市申报试点城市。支持鹰潭高新区、赣州经济开发区、南昌高新区等建设循环化改造示范园区。

4. 完善循环经济示范推广体系

全面推进循环经济示范企业、示范园区和示范城市建设，探索建立循环经济产业联盟，推进基地共建，完善示范推广体系，实现循环经济发展由试点向示范推广的转变，形成"企业小循环、园区中循环、社会大循环"的循环经济发展格局。[1]

五、加强污染治理

1. 深入推进"净空"行动

实施重点行业脱硫脱硝、除尘设施改造升级、机动车尾气污染和工地扬尘防治等工程，将细颗粒物等环境指标列入约束性指标，建立大气污染跨区域联防联控机制。

---

[1]胡康林. 大力发展循环经济，推动资源再生利用［N/OL］. 江西网络广播电视台，2014-11-21. http://news.jxgdw.com/jszg/2651806.html.

2.深入推进"净水"行动

以"五河一湖"等水域为重点，严格控制排污总量，减少水体污染。突出抓好污水处理设施建设和运营，实现工业污水全面达标排放、城镇生活污水处理设施全覆盖和稳定运行，大力整治城镇黑臭水体。强化农村污水处理设施建设。[①]

3.深入推进"净土"行动

加强土壤污染源头综合治理，加快土壤重金属污染修复。强化矿山恢复治理，鄱阳湖生态经济区是区域性铜矿业产业基地，在发展过程中必须坚持矿产资源开发利用与生态环境建设和保护并重，积极开展科技创新，采用无废少废工艺，节能减排，保护环境，防止、防治矿山地质灾害，共建和谐社区。怀玉山脉水源涵养生态功能区、武夷山脉水土保持生态功能区、幕阜山脉水土保持生态功能区、罗霄山脉水源涵养生态功能区和南岭山地森林生物多样性生态功能区要严格控制矿业开发强度，开发活动不得损害生态系统的稳定性和完整性，环境治理和土地复垦要采取有利于原生态系统的技术方法。已有的矿业开发要逐步改造成为低消耗、可循环、少排放、"零污染"的生态型矿山。修水—武宁—瑞昌、景德镇—德兴—贵溪、萍乡—分宜—丰城、大余—于都—寻乌等4个矿山集中分布区，要进一步优化区域结构，提高效益，降低消耗，保护环境，推动经济可持续发展。其他一般性省内大宗矿产品供应地要严格控制重复建设和盲目扩大产能。加强农业面源污染防治。充分利用大型沼气、户用沼气、畜禽场标准化以及乡村清洁工程等项目，建立和完善一批农业生态环保设施；合理规划畜禽养殖禁养区、限养区和可养区，严格落实养殖场建设环境评价制度；依法加强对规模养殖场户，特别是重点流域、重点产区规模养殖户的检查，对新建、改建和扩建畜禽养殖场，做到治污设施与主体工程同时设计、同时施工、同时使用，环评不达标的不允许投产。对于污染严重的老养殖场，采取综合运用以奖代补、限期治理等措施，分期分批进行治理；对始终达不到要求的，依法关闭。按照"减量化、

[①]参考《江西省十三五规划建议》。

无害化、资源化"防治原则，大力推广测土配方施肥技术，降低化肥使用量，调整和优化用肥结构，鼓励农民种植绿肥和使用有机肥；深入开展畜禽清洁生产行动，因地制宜推广达标排放、畜地平衡、发酵床养殖等畜禽粪污治理模式，推广"猪—沼—果"生态养殖、雨污分离、干湿分离等技术，减少污水排放；推广适时揭膜技术，增加塑料地膜回收率，提倡使用可降解地膜。各地发展绿色有机农业，引导广大农民用有机肥替代化肥、生物除虫替代农药，降低面源污染，培育农业绿色环保产业。

六、推进能源资源节约集约利用

1. 大力发展清洁能源

大力开发光伏发电、水力发电，大量利用生物能和太阳能等可更新能源，做好万安烟家山核电厂址保护工作和吉安何魁、鹰潭铁山岭核电厂址论证工作。推进金沙江下游水电等直流特高压入赣工程；加快西气东输三线、新粤浙线、省级天然气管网工程等建设，推进赣州、新余新能源示范城市建设。加快光伏发电应用。积极有序推进一批风电、生物质发电项目建设。大力开发和推广洁净煤技术，提高能源利用率，推广热电联产，发展余热利用和高效节能锅炉。

2. 推进节能降耗

加强能源消费总量和能耗强度双控制，严格节能标准和节能监管。加快推进钢铁、有色、水泥、焦炭、造纸、印染等行业企业节能降耗技术改造。大力推广应用可再生、绿色建筑材料。大力倡导和推行公共交通出行，推广节能与新能源汽车，推进"车船路港"低碳交通运输专项行动。

3. 节约水资源

实行最严格的水资源管理制度，加强"三条红线"管理，落实用水总量控制制度、用水效率控制制度、水资源管理责任制度和考核制度，进一步推进和完善阶梯水价制度。全面建设节水型社会，推广使用节水技术产品，实施企业节水技术改造项目，实施一批农业高效节水灌溉重大项目。加强节水宣传力度，鼓励一水多用、优水优用、分质利用，推进雨洪资源利用和再生水利用，提高居民节水意识。

4. 实行最严格的耕地、林地保护制度

坚持抓好城乡建设用地增减挂钩、工矿废弃地复垦利用、低丘缓坡荒滩等未利用地开发利用等试点工作。深入开展建设用地专项清理，依法收回闲置土地，切实提高土地利用率。控制农村集体建设用地规划，支持赣南等原中央苏区开展农村土地综合整治，积极做好占补平衡工作。

第十章　安徽省生态文明建设

　　安徽河流湖泊众多，水域辽阔，省河流隶属于3个流域，即淮河、长江、钱塘江。全省三大水系是江淮重要水源地，水的调控能力对长三角地区的生态安全举足轻重。安徽是长三角地区的重要生态屏障，将通过构建皖江绿色生态廊道等五大措施，努力把安徽建设成为长江经济带生态文明建设先行区、创新驱动引领区和协调发展示范区。

第一节　安徽省生态资源概况

1. 水资源

安徽省水资源总量约680亿立方米，其中河川径流量616亿立方米，多年平均径流深42毫米，为全国平均径流深284毫米的1.56倍。全省河流众多，有河流200多条，湖泊110多个，其中包括全国五大淡水湖之一的巢湖。湿地资源丰富，全省已初步建立了以国家重要湿地、湿地自然保护区和湿地公园为主体，自然保护小区和其他保护形式为补充的湿地保护网络体系。截至2014年10月，全省已确认国家重要湿地5处，已建湿地类型自然保护区23处、湿地公园试点单位21处，总面积达45.14万公顷，占全省国土面积的3.24%，使全省约60.8%的自然湿地和70%~80%的湿地野生动植物物种得到了较有效的保护，这些地方已成为濒危动植物天然庇护所的大本营。部分河流水流湍急，落差较大，水力资源的蕴藏量相当丰富，理论计算为398万千瓦，实际利用达45万千瓦。

2. 动植物资源

由于全省气候条件和复杂多样的地貌类型，使得动植物资源相当丰富。全省林业用地4.18万平方千米，约占全省总面积的30%；草地面积1.66万平方千米，占12%。地带性植被，淮河以北是暖温带落叶阔叶林，淮河以南是北亚热带落叶阔叶与常绿阔叶混交林，皖西和皖南局部地区有常绿阔叶纯林存在，但规模不大。受人类经济活动的影响，天然植被破坏较严重，只在皖西、皖南山区有较多保存，其他地区以人工营造的以针叶林为主。全省植物种类丰富，共有木本植物1300余种，草本植物2100余种，其中包括不少珍稀树种和特有树种，如古老孑遗植物银杏、金钱松、鹅掌楸、大别山五针松、琅玡榆、永瓣藤等。野生动物可分为食用动物、毛皮动物、药用动物、珍稀动物几类，据统计共500余种。其中兽类

90多种，鸟类320种左右，爬行类和两栖类90多种，主要分布在大别山区和皖南山区。全省有国家重点保护动物54种，以扬子鳄、白鳍豚最为珍贵。

3. 矿产资源

安徽省矿产资源蕴藏量丰富，不仅有多种金属矿产，也有众多的非金属矿产和地壳能源资源，是全国矿种较全，储量较多的省份之一。全省已发现的矿种为128种（计算到亚矿种为161种）。查明资源储量的矿种124种（含亚矿种），其中能源矿种6种，金属矿种23种，非金属矿种93种，水气矿种2种。煤、铁、铜、硫、明矾石为五大优势矿产，探明储量大，找矿远景好，在工业利用上已形成一定规模，在华东地区甚至全国均具有重要意义。矿产资源分布集中，已探明储量的几种矿产主要是淮南、淮北的煤炭和沿江地区的铁、铜、硫、明矾石及其伴生矿产。优势矿产种类多，储量大，开展利用前景好。伴生矿床多，综合利用价值高。能源矿产主要有煤碳、石煤、泥炭、温泉等，以煤炭最具优势，已经探明储量约230亿吨，居全国第6位，为华东各省之首。金属矿产中的铁矿和铜矿储量较大，铁矿探明储量26亿吨，分布遍及全省，但以马鞍山、当涂、繁昌、庐江等地最为集中。铜矿为安徽的近期优势矿产之一，产量占华东地区的20%，产地主要集中在沿江的铜陵、贵池、怀宁、庐江等地。非金属矿产以硫铁矿、明矾石、石灰石最为突出。

4. 旅游资源

安徽旅游资源遍及全省，南方以自然山水风光为主，景区相连成片，北方以历史文物古迹为多，点小而分散。据统计，全省计有国家级、省级各类旅游点260多处，其中国家级重点风景名胜区5处：黄山、九华山、天柱山、琅琊山、齐云山；国家级历史文化名城3座：寿县、亳州、歙县；另有国家重点文物保护单位和重点寺观等多处。最负盛名的旅游景点为黄山，"五岳归来不看山，黄山归来不看岳"，黄山被称为"天下第一名山"。佛教名山九华山鳞次栉比、各具特色的寺庙建筑引人入胜，又以秀丽山水风光使人流连。齐云山则以其独特的丹霞

地貌和摩崖石刻为世人瞩目。滁州琅琊山因宋欧阳修《醉翁亭记》一文而名扬千古。天柱山古称"皖"，西汉武帝曾封其为南岳，"中天一柱"凌霄矗，令人叹为观止。安徽境内还拥有众多水系和湖泊，平湖卧于皖南的群山之中，环境清幽，宛如一点翡；巢湖八百里水面，山水相连，碧水连天，皖西大山中散布着一串碧波荡漾，蔚为壮观的人造湖泊，闻名全国的五大库区：佛子岭水库、磨子潭水库、洪甸水库、梅山水库和龙河口水库。安徽的温泉也很有名，黄山温泉水质清冽，其味甘甜，可浴可饮；巢湖半汤温泉一冷一暖合流，水中含有多种活性元素，对不少疾病有疗效。全省的人文旅游资源除3座历史文化名城外，有屯溪"老街"，黔县等地的古民居，合肥、安庆等地的古建筑，凤阳的中都城和皇陵等，均在国内外享有盛名。[①]

第二节　安徽省生态文明建设现状

一、安徽省生态建设进展与成就

1. 安徽省生态文明建设起步较早

2003年，安徽省做出建设生态省的重大决策，编制和实施了生态省规划纲要，并将"生态安徽"建设列入"861"行动计划，积极推进"生态安徽"建设。"十一五"期间，安徽省就紧抓环境污染治理和生态建设，环境保护工作取得了重要进展，化学需氧量、二氧化硫排放量削减率分别为7.36%和6.72%，超额完成主要污染物减排目标。大力实施淮河、巢湖"十一五"水污染防治规划，开展流域综合治理，淮河干流安徽段总体水质由"十五"末期的Ⅳ类转为Ⅲ类，巢湖湖区总体水质由劣Ⅴ类转为Ⅴ类。同时还实施了自然保护区建设、采煤塌陷区综

---

①安徽省自然资源概况，中国—东盟博览会官方网站，2005年10月20日。

合治理、江淮分水岭地区综合治理、地质灾害等一大批重点工程，开展了水土保持、天然林保护和退耕还林还草等工作，建立健全林业和突发地质灾害应急管理体系。2011年，安徽省第九次党代会正式提出建设生态强省，2012年，正式发布实施了《生态强省建设实施纲要》，提出实施重点流域水环境综合治理、面源污染防治、空气清洁、千万亩森林增长、生态安全提升、循环经济壮大、绿道建设、乡村生态环境建设、食品安全保障和绿色消费等十大工程。2016年，安徽省环保厅出台了《安徽省出台环境保护限批管理办法》。

2. 以示范试点为引领，全面加快生态文明建设

自从黄山市和巢湖流域被列入首批国家生态文明先行示范区建设地区以来，为加快推动生态文明先行示范区建设，安徽省出台了具体的实施方案，宣城、蚌埠2市获批国家第二批生态文明先行示范区，示范区总面积5.02万平方千米，占全省土地面积的35.8%，实现了皖江、皖西、皖南、皖北地区国家生态文明试点示范全覆盖。安徽省还积极推进各类试点，铜陵市列入第五批餐厨废弃物资源化利用和无害化处理试点备选城市，霍邱经济开发区和叶集经济开发区被相继列入国家园区循环化改造试点。

3. 四级同创，建设城市森林

2012年9月，安徽省委、省政府启动实施千万亩森林增长工程，决定开展森林城镇创建活动，确定到2016年，争取创建国家森林城市（设区市）5个，省级森林城市（县、市、区）20个、省级森林城镇（乡镇）300个；并结合美好乡村建设，创建一批森林村庄。自此，创建国家森林城市，创建省级森林城市、省级森林城镇和省级森林村庄汇成"四级同创"，省、市、县、乡、村"五级联动"，吹响了安徽城市森林建设的号角。2013年，池州市率先获得"国家森林城市"称号，实现了全省创森"零"的突破；2014年，合肥、安庆市再获"国家森林城市"称号；2015年，黄山、宣城市又成功创建"国家森林城市"。此外，淮南、六安、铜陵、滁州、宿州等五市已加入"创森"行列，全省60%以上的设区市已经或正

在创建国家森林城市。同时，全省创建省级森林城市19个、森林城镇252个、森林村庄1809个。

4. 重视低碳经济发展

安徽省把发展低碳经济作为生态文明建设的突破口，确定了省级方案，制定了专项发展规划。2010年1月，安徽省政府颁布了《安徽省应对气候变化方案》，制定发展低碳经济、降低温室气体的排放以适应气候变化的举措。2011年，制定《安徽省低碳技术发展规划纲要》，确定之后5年低碳技术发展的方向与重点，到2015年新能源产业的收入要超越1000亿元的目标。开展清洁发展机制合作，启动低碳试点工作，安徽省选拔了一批企业参与了CO_2减排国际合作，包括海螺水泥、淮北矿业、马鞍山钢铁集团等在内的62个项目，并通过了国家发改委气候司的审批。实施科技创新，推进低碳技术的产业化发展，安徽省政府在省内支持并扶植了一批围绕低碳技术展开科学研究及应用生成的项目，节能汽车、新能源汽车、可再生能源、原子能等重大技术的研究、开发与生产等也取得了重大进展。[①]奇瑞、江汽、海螺等一批重点企业节能技术和产品创新显著，在全国同行业处于领先地位。一批以资源加工、加工制造、废物综合利用等为主要发展方向的循环经济产业园初步建成。蚌埠、池州、宿州、安庆等部分地区已初步形成新能源和可再生能源生产基地。

总体上看，安徽省对生态文明的认识不断深化，在经济持续较快增长、工业化和城镇化加速推进的同时，全省环境质量继续保持稳定，局部地区有所好转。2017年统计公报数据显示，水环境质量方面，淮河干流安徽段水质以Ⅲ类为主，总体水质优，主要支流总体水质轻度污染。长江干流安徽段以Ⅱ类水质为主，总体水质优；主要支流总体水质良好。巢湖湖区整体水质中度污染，9条主要环湖支流整体水质中度污染。新安江干、支流水质优。全省城市集中式饮用水水源地

---

① 江春晖. 坚持低碳发展，建设生态文明：以安徽省为例［J］. 云南社会主义学会学报，2014（4）：311-314.

水质达标率为95.5%。全省16个省辖市空气质量平均优良天数比例为66.7%，比上年下降7.6个百分点；有1个市空气质量达到二级标准。已建成国家级自然保护区8个，省级自然保护区30个，市县级自然保护区66个。

二、安徽省生态建设存在的问题

1.水资源形势紧张

由于人口密度大，耕地利用率高，平均每人和每亩占有的径流量反而低于全国平均水平。水资源分布不平衡，与人口和耕地的分布十分不相应，主要发现在山区水资源多，人口少、耕地少；平原水资源少，人口多、耕地多，尤以淮北平原区矛盾最为突出。皖北以不足全省1/5的水资源量，支撑了全省约1/2的耕地和人口以及全省主要电力、煤炭生产的用水量。按照目前水资源供给能力测算，预计皖北地区到2030年常年缺水率大约为15%。水污染依旧，如巢湖和淮河仍被列为全国"三湖三河"治理的重点，其流域和支流水质污染仍十分严重。

2.湿地功能退化现象依然存在

自然湿地面临着开垦围垦、泥沙淤积、水体污染和水资源不合理利用等严重威胁，自然河流修坝使其转变为人工湿地，湿地人工化现象较严重，受威胁压力持续增大。据2012年安徽省第二次湿地资源调查，安徽省河流、湖泊湿地沼泽化进程加速，河流湿地转为人工库塘现象较突出，其中，较十年前，河流湿地减少0.75万公顷，湖泊湿地减少2.50万公顷。

3.大气污染问题突出

快速城镇化加速大气污染，如汽车尾气、建筑扬尘等各类污染物大量增加。早在2011年，安徽省汽车保有量突破1000万辆，在全国排名第八，主要集中在合肥、芜湖等中心城市，其中，合肥机动车保有量超过100万辆，而且60%以上是过去近5年增加的。此外，安徽省能源消费以燃煤为主，占消费总量80%以上，传统的煤烟型大气污染依然严重；屡禁不止的秸秆焚烧也造成大气污染程度不断加重。同时，安徽省沿江地区酸雨比较严重，全省主要城市PM$_{2.5}$污染问题日益突出。2014年，马鞍山、芜湖、滁州、合肥、宣城、铜陵、池州和黄山等8个城市出现酸雨，酸雨频率范围为1.8%（马鞍山）~78.8%（黄山）。与2013年相比，全省出现酸雨的城市数增加1个，为合肥市（出现7次酸雨）。近年安徽省持续遭遇了严重雾霾天气，这是对安徽省污染问题提出的严重警示。

4. 林业发展约束问题

目前，安徽省森林资源数量与质量还远远不够，缺林少绿、生态脆弱仍是最突出的生态问题之一。由于历史原因和人口众多、经济高速增长对生态的巨大压力，现在环境承载能力已经达到或接近上限。随着千万亩森林增长工程建设的深入推进，全省宜林荒地基本完成造林，剩下的大多是立地条件差、难啃的"硬骨头"，另外退耕还林的余地也不大，林业发展的资源约束越来越大。同时，全省违法违规占用林地情况不同程度存在，乱捕滥猎、乱采滥挖野生动植物现象时有发生，"人树进城"现象还没有得到有效遏止，森林火灾和林业有害生物构成的威胁依然严重，森林资源保护压力不断加大。

5. 产业结构不优，造成资源利用效率不高

安徽省工业中高耗能、高排放产业比重大，煤炭、电力、钢铁、有色、汽车、化工、建材等产业比重偏高，2011年7个行业产值占规上工业的46.8%；2012年，安徽省六大高耗能行业耗能7113.8万吨标准煤，增长6.3%，高耗能行业能耗占全省比重由上年的83.8%提高到85.4%。另外，与发达地区相比，安徽省工业集聚度明显偏低。2011年，安徽省开发区工业增加值为3829.7亿元，占全省比重为54.2%，比江苏省低24个百分点，这也是安徽省资源利用效率低、污染物排放量大的原因之一。与其他地区相比，2011年，安徽省每万元GDP能耗0.754吨标准煤，居全国第21位，但与沿海发达地区相比还有一定距离，万元GDP能耗是上海的1.2倍，是江苏、浙江的1.26倍，也高于同处于中部地区的江西省能耗水平。万元GDP用水量、万元工业增加值用水量均超过全国平均水平，而单位工业增加值

废水、废气排放量分别比全国平均水平高出7%和23%。全省亩均建设用地GDP4.5万元，是全国平均水平的54%。

6. 农村环境问题日益突出

安徽省城郊结合部及农村环境卫生状况堪忧，白色污染严重，农村生活垃圾、生活污水的处理率均只有10%左右，卫生厕所普及率只有58%左右。农村集中式饮用水设施建设落后，居民饮水安全问题突出。土壤污染问题显现，重金属污染事故时有发生，食品安全堪忧。[①]

第三节　安徽省推进长江经济带生态文明建设思路与主要路径

安徽省要积极抢抓长江经济带建设机遇，大力推进生态文明建设，强化水资源保护和合理利用，推进污染防治，显著改善生态环境，着力打造生态文明建设的安徽样板，建设绿色江淮美好家园，为构建长江经济带绿色生态廊道奠定坚实基础。

一、加强生态文明法律法规的制定与完善

比较而言，安徽省生态文明立法在数量上和在一些重要领域方面的立法比较滞后。如与江苏省和浙江省相比，早在2001年，江苏省就通过了《江苏省机动车排放污染防治条例》，并经过了2004年、2013年两次的修订。安徽省在2014年11月省政府才公布了《安徽省机动车排气污染防治办法》。浙江省2003年制定了《浙江省大气污染防治条例》，其中专门对"机动车船的污染防治"进行了规范，2010年又制定《浙江省机动车排气污染防治条例》。安徽省在2015年才通过

---

①徐振宇，周燕林. 立足省情打造安徽生态文明升级版[J]. 经营者（学术版），2013(7)：24-25.

《安徽省大气污染防治条例》，要借鉴经验，加快安徽省的立法步伐，尤其一些重要领域的立法，还包括重金属污染防治、农村面源污染防治等方面的立法。[①]

二、科学利用国土空间，促进区域特色发展

按照全省国土空间三类主体功能区划分，科学开发或保护重点开发区域、限制开发区域和禁止开发区域，重点做好自然保护区、文化自然遗产、风景名胜区、湿地公园、森林公园等禁止开发区域生态保护。其中根据《全国生态功能区划（修编版）》，安徽省的大别山水源涵养与生物多样性保护、天目山—怀玉山区水源涵养与生物多样性保护、皖江湿地洪水调蓄、淮河中游湿地洪水调蓄是全国重点生态功能区。其中，大别山水源涵养与生物多样性保护重要区涉及六安、安庆，是长江水系和淮河水系诸多中小型河流的发源地以及水源水库的涵养区，也是淮河中游、长江下游的重要水源补给区。天目山—怀玉山区水源涵养与生物多样性保护重要区，位于浙江、安徽、江西交界处，涉及安徽省宣城、黄山、池州，是钱塘江的发源地，是目前华东地区森林面积保存较大和生物多样性较丰富的区域，高等植物超过2400种；皖江湿地洪水调蓄重要区，位于安徽省沿长江两岸地区，涉及安庆、池州、铜陵、芜湖和马鞍山等市。该区面积在1平方千米以上的天然湖泊有19个，建有3个国家级自然保护区；淮河中游湿地洪水调蓄重要区，主要涉及阜阳、六安和合肥。在淮河干流两岸的一级支流入河口处，分布有多个喇叭形湖泊或低洼地，具有拦蓄洪水功能。

1.要加强重点生态功能区的保护，构筑安徽生态安全屏障

推进农田林网、骨干道路林网建设，构建皖北及沿淮平原绿色生态屏障。大力推进江淮丘陵区造林绿化，加强环巢湖生态绿带、城市森林、绿色生态走廊、城郊绿地及江滩地抑螺林建设，构建皖江城市带和合肥经济圈绿色生态屏障。建

---

①许敏娟.加强制度建设，打造生态强省——对安徽生态文明制度建设问题的思考［J］.绿色视野，2015（3）：44-48.

设水源涵养林和水土保持林，构建皖西地区水资源保护绿色生态屏障。全面提高林分质量和生态效益，构建皖南山区绿色生态屏障。

2.实现区域协调发展

第一，加快皖江城市群、合肥经济圈和江淮城市群城镇化步伐，建设城际快速交通网，明晰各市产业发展重点，构建产业协调配套的分布格局。加快皖江城市群的发展，一是进一步做强汽车、冶金、化工、家电等优势产业，培育电子信息、生物、公共安全等高技术产业，发展物流、金融、文化、旅游等现代服务业，逐步增强长三角腹地的支撑作用，促进长三角加快发展，带动沿长江经济带协调发展。二是全面打造成长三角的优质农产品基地、能源原材料基地、交通物流基地、旅游休闲基地和高素质劳动力供应基地。三是充分利用承接产业转移示范区的政策和人才优势，不断提升皖江沿岸城市的竞争力，为东部腾出更大的发展空间，推动产业辐射和带动中西部沿江地区发展。合肥经济圈要打造成全省核心增长极，进一步增强合肥的辐射力和带动力。创建国家级合肥滨湖新区，全方位承接高端产业和创新要素，打造全国创新创业试验区、高端产业集聚区、生态文明先行区。加快培育电子信息、汽车及新能源汽车、装备制造、新能源等具有国际竞争力的主导产业集群和总部基地。作为长三角制造业梯度转移的重要承接地，江淮城市群一要发挥其农产品的资源优势，加强棉、粮、豆、肉、毛、皮和中药材等农产品基地建设，为长江流域发展提供后勤保障。二要积极承接长三角制造业转移。积极承接发展汽车零部件配套产业，推进煤矿机械加工项目建设，大力发展新型轿车轴承、高速铁路轴承、电机轴承等。三要深入推进辐射长江流域的化工基地建设。充分利用江淮城市群资源丰富的特点，加快建设能源基地、化工基地、煤炭基地等。四要推进旅游产业化。充分结合江淮河沿岸的历史遗迹和历史事件，开发淮河南段、蚌埠段、六安大别山旅游资源，重点发展当地的旅游业，开发附有地方特色的旅游商品和旅游线路。五要加强水环境综合整治。重点加强淮河干支流治理和河道整治，建设控制性水利枢纽工程等。

第二，实施"五区十五基地"为主体的农业发展战略，以淮北平原区、江淮丘陵区、沿江平原区、皖西大别山区和皖南山区为主体，建设优质小麦、棉花、玉米、大豆、畜禽产品、水稻、油菜、水产品、茶叶等农产品基地。

第三，建设皖南山区、皖西大别山区、江淮丘陵区森林生态安全屏障，打造长江、淮河、新安江、巢湖等水系林网、农田林网、骨干道路林网生态安全网络。

第四，加强区域创新。以国家技术创新工程试点省、皖江示范区、皖南国际文化旅游示范区、皖北、合芜蚌自主创新综合配套改革试验区建设为重点，推进各具特色和优势互补的区域创新，发展高效益、低耗能的产业，皖江地区科学承接产业转移，皖北地区抓好煤电转型发展，皖南地区大力发展文化旅游等服务业。积极发挥省会合肥的引领作用，利用科技资源优势，让科技创新激发并释放经济能量，助力经济转型发展。[1]

3. 建设绿色城镇

科学确定城镇开发强度，开展划定城市开发边界试点，加强城乡规划"三区四线"（禁建区、限建区、适建区，绿线、蓝线、紫线、黄线）管理。全面提升城镇供排水、防洪除涝、雨水收集利用、供热、供气、环境等基础设施水平，推进管理智能化，推行城市地下综合管廊试点，实施海绵城市建设试点。全面推进绿色建筑行动，提升新建建筑按绿色建筑标准设计建造比例，推动绿色建筑由单体示范向区域示范拓展。建立完善以风景林、防护林为主体的城镇生态保护屏障。持续推进城镇园林绿化提升行动和绿道建设，建设园林绿化精品示范工程。开展森林城市、城镇创建。

4. 加快美丽乡村建设

着力推进美丽乡村试点省建设，全面开展美丽乡镇建设、中心村建设、自然村环境整治，打造与城市特色各异、功能互补的农民幸福家园和美丽宜居乡村。一要科学编制美丽乡村建设规划，进一步优化中心村布点规划，认真修编乡镇建

---

[1]江传力.推进安徽生态文明建设的着力点[N].安徽日报，2014-06-23（7）.

设规划，编制中心村建设规划，编制传统村落保护发展、地质灾害易发区村民搬迁等专项规划，制定农民住房建设管理办法和农村重要基础设施建设计划。二要加快开展乡镇政府驻地整治建设，突出抓好治脏、治乱，加强基础设施建设和公共服务配套。优先选择文化积淀深厚、生态环境优良、产业基础较好的乡镇，重点加以扶持培育，建设一批独具特色、产城融合、惠及群众、具有徽风皖韵的特色小镇。三要持续推进中心村建设及自然村环境整治，坚持从实际出发，把握序时进度，分层分类打造美丽乡村"基本版""标准版"和"升级版"，并全面推开自然村环境整治，加大工作力度，加快覆盖进度，健全长效管护机制，确保长治久美。加快水电新农村电气化县建设。开展森林村庄、宜居小镇（小区、村庄）、特色景观旅游名镇（名村）、绿色农房等示范创建。四要大力提高农村产业发展水平，加快发展特色产业，推动一、二、三产融合发展，培育壮大村级集体经济。大力发展生态循环农业和休闲农业，建设一批农业清洁生产示范点，发挥国家、省级休闲农业与乡村旅游示范县、示范点的示范带动作用，打造一批休闲农业知名品牌。

三、大力推动低碳循环发展

1. 大力发展新能源

推动能源消费供给和技术体制变革，积极发展光伏发电，稳步推进风电开发，因地制宜开发利用生物质能，扩大天然气利用规模，加强储能和智能电网建设，加快城乡配电网升级改造，提升煤炭安全绿色开发和清洁高效利用水平，加强对页岩气、煤层气等非常规天然气的勘探、开发和利用，建设清洁低碳、安全高效的现代能源体系。

2. 构建低碳产业支撑体系

积极发展低碳装备制造业。提升内燃机、环保成套设备、风力发电、大型变压器、轨道交通配套装备、船舶制造等装备制造业的研发设计、工艺装备、系统集成化水平，积极发展小排量、混合动力等节能环保型汽车，加快低碳装备制造业和节能汽车产业发展步伐。大力发展电子信息（软件）、文化创意等低碳产业和服务业。完善集成电路产业链，培育信息家电产业集群。积极推进研发设计、软件设计、建筑设计、咨询策划、文化传媒和时尚消费等创意产业，大力支持以创意设计工作室、创意产业园和文化创意体验区为载体的创意产业发展。加强有机食品、绿色食品和无公害食品基地的建设。积极推进低碳科技服务业、旅游业等现代服务业发展。

3. 大力发展循环经济

以安徽省界首市为例，安徽省界首市循环经济发展迅速，已经成为当地的支柱产业。2015年，界首市再生金属、再生塑料两大产业分别实现产值256亿元、92亿元，实现税收10.4亿元；界首循环经济近几年来的年均产值、税收增幅均在40%以上。目前，界首市循环经济产业园拥有省级高新技术企业3家、省创新型企业2家，已入库培育高新技术企业4家；获批安徽省再生铅产业中心1个，安徽省企业技术中心1个，企业与高校院所签订产学研合作技术创新联盟协议8家；已获发明专利22项、实用新型专利100多项。进一步拓宽安徽省循环经济领域，在生产、流通、消费各环节，大力开展循环经济试点示范，着力推进工业园区生态化改造，加快建设一批循环经济型企业、循环经济示范园区、低碳生态工业园区和城市矿产示范基地。完善覆盖城乡的再生资源回收网络体系，积极推进城镇生活垃圾分类回收利用和处理，研究建立生产者责任延伸制度，鼓励促进再生资源回收利用和再制造产业发展。制定出台安徽循环经济促进条例，推动生态循环农业、循环型工业、循环型服务业等循环型产业发展。

四、提高资源节约集约利用水平

强化约束性指标管理，实行能源和水资源消耗、建设用地等总量和强度双控行动。实行最严格的水资源管理制度，以水定产、以水定城，建设节水型社会，编制节水规划，开展地下水超采区综合治理。坚持最严格的节约用地制度，优化建设用地结构，推进城镇低效用地再开发和工矿废弃地复垦。探索实行耕地轮作休耕制度试点。实施全民节能行动计划，推行合同能源管理和合同节水管理。加快绿色建筑建设，实施建筑能效提升工程，提高新建建筑节能标准执行率，推进既有建筑节能改造，完善公共建筑能耗监管体系，出台实施方案推进浅层地热能、空气能、光伏发电在建筑中的规模化应用，推进建筑产业现代化。深入开展"车、船、路、港"百家企业低碳交通运输专项行动和绿色循环低碳交通运输科技专项行动。鼓励使用高效节能农业生产设备。

五、重点打造皖江绿色生态廊道

《安徽省人民政府关于贯彻国家依托黄金水道推动长江经济带发展战略的实施意见》指出要大力构建皖江绿色生态廊道，要以巢湖流域和黄山市国家生态文明先行示范区建设为引领，大力推进生态文明建设，强化水资源保护和合理利用，推进污染防治，显著改善生态环境。

1. 统筹水资源保护和综合调配利用

实行最严格的水资源管理制度，明确水资源开发利用、用水效率和水功能区限制纳污"三条红线"。科学规划沿江取水口和排污口布局，加强对现有沿江取水口和排污口的整治与监管，推进沿江港口船舶油污、垃圾等废物处理设施建设。强化饮用水水源地保护，建设城市备用水源和应急水源，继续实施农村饮水安全工程。构建沿江、沿淮、环巢湖水资源保护带和生态隔离带。加快实施跨流域、跨区域水资源配置工程，重点建设引江济淮、淮水北调、驷马山引江四级干渠、合肥淮南引大别山优质水资源工程等骨干输配水线路，兴（扩）建下浒山、月潭、江巷、牛岭等一批大中型水库和其他蓄、引、提骨干供水工程，开展骨干排灌泵站和大中型灌区节水改造。

2. 强化污染治理与生态保护

加大沿江化工、造纸、印染、有色等行业环境隐患排查和集中治理力度，实施面源污染防治和乡村生态环境建设工程，实行长江干支流沿线城镇污水垃圾全收集全处理。加快推进城市清洁空气行动计划，深入开展工业污染治理，持续推行清洁生产，加快重点行业企业脱硫脱硝除尘设施建设，全面完成重点行业、区域、企业挥发性有机物污染整治。强化城市大气污染防治，全面整治燃煤小锅炉，治理城市扬尘，严格执行《安徽省建筑工程施工扬尘污染防治规定》。加强机动车污染防治，严格执行《安徽省机动车排气污染防治办法》，全面淘汰黄标车。加强秸秆禁烧监管。加强大气污染区域联防联控联治，实现城市$PM_{2.5}$监测与控制全覆盖。实施污染排放重点企业技术改造，强化企业清洁生产审核，推动合肥及沿江城市工业园区循环化改造。严格控制能源消费总量、碳排放总量和主要污染物排放总量。加快铜陵国家级节能减排财政政策综合示范城市和循环经济示范市建设。划定沿江生态保护红线，严格区域环境准入。实施新一轮退耕还林和天然林保护工程，推进长江防护林工程建设。加强水土流失综合治理。推进升金湖、十八索、石臼湖、菜子湖、武昌湖等自然保护区建设。开展青弋江、裕溪河、水阳江等重要支流治理。加快洲滩圩垸分类治理，推进沿江城市堤防达标，防治山洪地质灾害。开展皖江综合地质调查。研究制定生态保护与建设规划。把农村绿化与推进"三线三边"环境整治、村庄改建、土地整理、农田水利、道路建设相融合，有效解决农村改厕、改水、卫生清扫等难题，完善农业生产、农村生活垃圾处理设施，有效达到道路两旁绿化、村庄里外美化、农户庭院净化，基本实现村在林中、房在树中、人在花中。

3. 促进长江岸线资源有序开发和保护

制定安徽省长江岸线资源开发利用总体规划，优化长江岸线功能布局，合理安排开发利用时序。整合现有岸线利用设施，提高岸线综合利用效率。严格生态岸线保护，加强对涉及占用长江岸线和陆域资源项目的审查。加大对取水口、引江口、湿地以及河势不稳定区域岸线的保护力度。推进长江干流崩岸治理，加快铜陵、马鞍山、芜湖、安庆等河段整治。

4. 推进国家生态文明先行示范区建设

加快巢湖流域国家生态文明先行示范区建设。完善流域综合治理体制机制，建立高效的流域污染防治区域联动机制和合作共赢的生态补偿机制。重点实施流域防洪、点源治理、面源控制、河湖补水、湿地修复、城市供水、通江航道、环境监管等八大工程。推进黄山市国家生态文明先行示范区建设。以生态、文化、旅游融合发展为核心，以建设大黄山国家公园为抓手，健全国有林场经营管理体制，探索建立国家公园体制和发展生态文化的机制体制，开展国家主体功能区建设试点示范，落实安徽省新安江流域水资源与生态环境保护综合实施方案。支持其他有条件的地区申报国家生态文明先行示范区。

第十一章　浙江省生态文明建设

　　浙江省是中国经济最活跃的省份之一，在充分发挥国有经济主导作用的前提下，以民营经济的发展带动经济的起飞，形成了具有鲜明特色的"浙江省经济"。位于长江入海口附近的浙江省，处在中国海岸线的黄金中点位置。通江达海的区位优势，使浙江省在长江经济带的陆海联动、江海联运中发挥着独特而重要的作用。

第一节　浙江省生态资源概况

1. 水资源

浙江省属于典型的亚热带季风气候，年平均降水量为1200～2200毫米，属于我国的湿润地区，平均水资源总量约为955亿立方米，水资源总量较丰富，但是浙江省人口稠密，人均拥有量只有2060立方米，已接近国际所规定的人均年2000立方米的中度缺水警戒线。浙江省河湖面积占全省总面积的6.4%，全省按流域分区可划分为鄱阳湖水系、太湖沿岸、钱塘江、浦阳江、曹娥江、甬江及浙东沿海诸河，椒江、瓯江及浙南沿海诸河，闽东诸河，闽江。浙江省水资源的地区分布不平衡，特别是经济发达地区水资源总量相对缺少，而经济欠发达的西南山区降水更为丰富，水资源总量相对宽裕。

2. 海洋资源

浙江省海洋资源十分丰富，拥有海域面积约26万平方千米，相当于陆域面积的2.56倍；大陆海岸线和海岛岸线长达6500千米，占全国海岸线总长的20.3%；大于500平方米的海岛有3061个，占全国岛屿总数的40%；港口、渔业、旅游、油气、滩涂五大主要资源得天独厚，组合优势显著，为加快海洋经济发展提供了优越的区位条件、丰富的资源保障和良好的产业基础。

3. 森林资源

根据2013年浙江省森林资源年度监测：全省林地面积660.31万公顷，其中森林面积604.78万公顷；活立木蓄积2.96亿立方米，其中森林蓄积2.65亿立方米；毛竹总株数26.13亿株。浙江省森林覆盖率达61%（2017年），居全国前列。树种资源丰富，素有"东南植物宝库"之称，而且以群落状态生存的古树资源极为丰富，在21万多株古树中，有14万多株生长在群落之中，占2/3，形成了独特而壮观的森林景观。如著名的天目山古树群，大树林立，物种多样，堪称"大树王国"；长兴八都岕的古银杏长廊，绵延12千米，百年以上古银杏有3000多株。龙泉的阔叶林古树群，群落众多，层次分明，随季相变幻，色彩斑斓。野生动物种类繁多，有123种动物被列入国家重点保护野生动物名录。

4. 矿产资源

浙江省矿产资源较为丰富，截至2004年底，已发现固体矿产113种，已探明储量的有67种（油气未列入），矿产地4730处（其中普通建筑用石、砂、黏土矿产3510处）。叶蜡石、明矾石探明资源储量居全国之冠，分别占全国的53%、52%。萤石、伊利石居第2位，分别占20%、39%。硅藻土名列第3位，占11%。沸石第4位，占10%。排列第5位到第10位的有硅灰石、高岭土、珍珠岩、大理石、花岗石、膨润土等。

5. 旅游资源

浙江是中国著名的旅游胜地，得天独厚的自然风光和积淀深厚的人文景观交相辉映，使浙江获得了"鱼米之乡、丝茶之府、文物之邦"的美誉。全省拥有西湖，两江一湖（富春江—新安江—千岛湖），温州雁荡山、永嘉楠溪江、文成百丈漈，舟山普陀山、嵊泗列岛，绍兴诸暨五泄，台州天台山、仙居，湖州德清莫干山，宁波奉化雪窦山，衢州江郎山，金华双龙洞、永康方岩，丽水仙都等16处国家级风景名胜区，数量居中国第1位。省会杭州是中国七大古都之一，也是中国著名的风景旅游城市，以秀丽迷人的西湖风光闻名于世。以"诗画江南·山水浙江"为主题，文化浙江、休闲浙江、生态浙江、海洋浙江、商贸浙江、红色旅游是浙江精心打造的六大旅游品牌。

第二节　浙江省生态文明建设现状

2003年以来，浙江省委、省政府高度重视生态环境保护，持续推进生态创建，不断提高生态文明水平，据统计2003—2012年全省在实现GDP年均增长15%的同时，主要污染物排放总量持续下降，COD、二氧化硫消减幅度分别达到18.86%和15.46%，万元GDP的COD、二氧化硫排放强度分别为全国平均水平的48.68%和44.35%，总体环境质量稳中趋好，生态经济和绿色创建呈现蓬勃发展态势，实现了经济社会与生态环境协调发展。[①]可以说浙江省在推进绿色浙江建设、生态省建设、生态浙江建设的各个时期均在生态文明建设尤其是生态经济制度建设方面做出了积极探索，取得了显著成效，形成了"浙江样本"。

一、浙江省生态建设的做法

1. 始终坚持生态理念

2003年，生态省建设战略启动；2010年省委作出推进生态文明建设的决定；2012年省第十三次党代会将"坚持生态立省方略，加快建设生态浙江"作为建设物质富裕精神富有现代化浙江的重要任务，提出打造"富饶秀美、和谐安康"的"生态浙江"；2013年，省委、省政府号召全面推进"美丽浙江"建设，再次契合"美丽中国"的发展脉搏。为推动生态建设，浙江省建立了组织领导体系，成立了以省委书记为组长、省长为常务副组长、40个部门主要负责人为成员的生态省建设工作领导小组，办公室设在环保厅，负责日常工作，各市、县（市、区）也成立了相应的组织机构。建立了考核机制，制定了生态省建设考核的指标体系与办法，每年下达生态省建设工作年度任务书，召开生态省建设工作领导小组会

---

①徐震. 浙江把生态省建设不断引向深入［J］. 瞭望，2013（15）.

议，命名生态省（市、区）创建单位，评定各市和各部门考核，并把考核结果作为评价党政领导班子实绩和领导干部任用与奖励的重要依据。建立了评价体系，制定了《浙江生态文明建设评价体系（实行）》，对县（市、区）生态文明建设情况进行量化评价，强化各级领导对生态文明建设的意识和责任。同时浙江省还成立了生态工作推进机制，有条不紊地推进各项工作。

2. 积极开展各项专项行动

持续开展三轮"811"专项行动，作为生态省建设的基础性、标志性工程，从2004年起，在全省开展了以8大流域、11个重点监管区为重点的为期3年的"811"环境污染整治行动，解决了一系列突出环境问题，遏制了环境恶化态势。随后，又相继开展了"811"环境保护新三年行动和"811"生态文明建设推进行动，不断深化环境保护和生态建设。扎实开展污染减排、重污染高能耗行业整治提升、农村环境连片整治、"四边三化"行动、生态示范区创建。实施环保倒逼转型。经过重点整治，全省铅蓄电池企业由273家减少到62家，产值和利税却分别增长30.05%和85.28%。浙江省经信委的数据显示，2012年浙江淘汰落后产能的企业数是国家任务的近24倍，部分行业完成淘汰落后产能指标超过国家任务4～6倍，共腾出土地资源12744亩。环保投入持续加大，至2013年，70亿元用于建设城市污水处理设施；14亿元用于建设城市生活垃圾处理设施；投资250亿元对万里清水河道实施疏浚、截污等工程；每年新建100个镇（乡）级污水集中处理厂；3500个村环境综合整治，解决200万农村居民饮用水安全问题；新增城镇污水配套管网1500千米。全省环境质量自2007年实现转折性改善，持续保持稳中向好势头，生态环境状况指数位居全国第2位。

3. 重视森林建设

2014年浙江省委、省政府联合印发《关于加快推进林业改革发展全面实施五年绿化平原水乡十年建成森林浙江的意见》，持续开展了"森林浙江""平原森林""四边三化""森林城市"等生态环境工程建设，结合国家公园、自然保护

区、森林公园等积极创建与高标维护，省域森林覆盖率、活木蓄积量、森林生态系统完整性高居全国前列。

4. 制度建设走在全国前列

浙江省从三个方面在全国最先践行生态经济制度。

在全国最早开展区域之间的水权交易。水权交易是提高水资源效率、优化水资源配置的重要制度。富水的东阳市和缺水的义乌市经过多轮谈判，最终签署了水权转让协议。协议规定：义乌市一次性出资2亿元购买东阳横锦水库每年5000万立方米水的永久性使用权。由此，引来了"好得很"还是"糟得很"的争论。后经水利部、省政府的多方协调，解决了水权交易存在的瑕疵和问题，保护了水权交易的实施。

在全国最早实施排污权有偿使用制度。浙江省并非排污权交易的最早省份，却是全国排污权有偿使用的最早省份。排污权制度改革集中体现在四个方面：环境保护从"浓度控制"转向"总量控制"；环境产权从"开放产权"转向"封闭产权"；环境容量从"无偿使用"转向"有偿使用"；环境产权从"不可交易"转向"可以交易"。这项改革不仅实现了以最低成本达到环境保护目标的效果，而且促进了"招商引资"向"招商选资"的转化，进而促进了经济发展方式转变和产业结构转型升级。

在全国最早实施省级生态保护补偿机制。颁发了《关于建立健全生态补偿机制的若干意见》。该《意见》采用政府令形式对生态补偿机制作出具体规定，属全国首创。在多年实践的基础上，浙江省还不断深化生态补偿机制：一是将单一的生态补偿机制拓展为生态补偿——损害赔偿相结合的科学制度，在基于跨界河流的水质监测结果确定补偿还是赔偿；二是将区域内的生态补偿拓展为区域间的生态补偿，《新安江流域水环境补偿试点实施方案》正式开始实施。生态补偿机制鼓励了生态屏障地区生态保护的积极性，保障了整个区域的生态安全，实现了区域经济、社会、生态的全面协调可持续发展。

而且，浙江省非常重视环保投入，浙江省无论在生态文明制度的"软件"（地方性法规、制度、机制、政策等）建设上，还是在保障生态文明制度实施的"硬件"（环境基础设施、环境监测体系、刷卡排污系统等）建设上，均不遗余力，做到投入逐年递增，制度逐年完善，效果逐年显现。同时，浙江省生态文明制度建设是自下而上的制度创新与自上而下的制度驱动的有机结合。以排污权有偿使用和交易制度为例，最早发生在嘉兴市秀洲区，经过各地7年左右的探索，浙江省政府认定这是一项可以带来显著环境效益、经济效益和社会效益的好制度。于是，在财政部和环保部的支持下，浙江在全省各地市全面推行。①

2016年，浙江省从清淤大作战到剿灭劣Ⅴ类水攻坚战，全省水质达到或优于地表水环境质量Ⅲ类标准的省控断面占77.4%，列入劣Ⅴ类水质断面削减行动计划的6个省控劣Ⅴ类断面水质均达到目标。八大水系、运河和河网中，江河干流总体水质基本良好。同时，浙江治水剿劣已向海洋进军，全省入海排污口整治正式打响。近岸海域中，Ⅰ类、Ⅱ类海水已占37.7%，同比上升12.7%；Ⅳ类和劣Ⅳ类海水比例下降7.4%。81个重点排海污染源监测达标率为91.4%，5个入海河流考核断面水质均达到或优于Ⅴ类。近岸海域水体处于中度富营养化状态，基本满足渔业用水要求。其中，温州近岸海域水质最好，已处于贫营养化状态。2016年，全省城市空气质量总体好于上年。11个设区城市日空气质量（AQI）优良天数比例平均为83.1%，PM$_{2.5}$年均浓度同比下降12.8%，舟山和丽水环境空气质量均达到国家二级标准。同时，浙江加大对重污染高耗能行业整治力度，积极淘汰黄标车及老旧车，技术机动车检测站发放环保标志。2014年全省公共服务领域新增新能源汽车占比达52.1%，仅杭州市新增纯电动微公交就有6730辆；全省新增公共自行车6.9万辆。积极开展生态创建工作。2017年全年建成国家生态文明建设示范市1个，国家生态文明建设示范县（市、区）4个，国家"绿水青山就是金山银山"实践创新基地3个。累计建成国家级生态市2个，国家级生态县（市、区）39个，

---

①沈满洪.生态文明制度建设的"浙江样本"［N］.浙江日报，2013-07-19.

国家环境保护模范城市7个，国家级生态乡镇691个，省级生态市5个，省级生态县（市、区）67个，省级环保模范城市15个。

二、浙江省生态环保建设面临的挑战

1. 资源约束日益趋紧

浙江是陆域自然资源小省，能源、矿产等基础资源贫乏，一次能源95%以上靠省外调入。同时，资源产出率相对较低，2012年全省能源消费总量达1.8亿吨标准煤，单位GDP能耗是世界平均水平的1.38倍、美国的1.72倍、日本的2.75倍。2016年全省能源消费总量2.03亿吨标准煤。随着工业化、城镇化快速推进，资源需求将保持刚性增长，供需矛盾会更加突出。

2. 气候变化问题突出

高温、台风、强降水等极端天气事件发生的频率增加、强度增大。2013年夏天，浙江连续8天日最高气温超过40℃，新昌达44.1℃，突破历史极值。10月初，"菲特"台风造成余姚城区超7成被淹。据统计，近50年，浙江0.19℃/10年的平均气温倾向率高于0.13℃/10年的全球平均值；近30年，浙江3.3毫米/年的沿海海平面平均上升速率高于全国平均值约30%。[①]

3. 浙江酸雨污染仍较严重

2014年降水pH年均值为4.74，较2013年上升0.08。据测算，全省平均酸雨率为79.3%，较2013年下降0.1个百分点；69个县级以上城市中有66个被酸雨覆盖，其中属于轻酸雨区的13个，中酸雨区的46个，重酸雨区的7个；降水中主要致酸物质仍然是硫酸盐。2016年酸雨率平均仍达69.9%，仍较严重。

4. 环境负荷超出容量

浙江平原面积仅2.2万平方千米，常住人口5477万，是全国人口密度最大的省

---

①浙江省发改委课题组．"五位一体"总体布局下的浙江生态文明建设思路[J]．浙江经济，2014（6）．

份之一，环境压力巨大。主要污染物排放过量，污染加重的趋势还没有得到根本遏制。如水污染治理存在反弹的现象。2012年浙江省仍有32个省控地表水断面为劣V类，31.7%的断面达不到功能区要求。有毒有害有机化学物质污染问题日益突出，在钱塘江流域检出67种有机污染物，其中苯并芘等5种有机物浓度在枯水期超过饮用水源地水质标准。另外由于产业布局不合理、结构调整缓慢、管理方式粗放等问题，绍兴市区3个断面水质从满足功能区要求变成不达标，嘉兴市区2个断面水质从V类恶化成劣V类，像这样的污染反弹现象在浙江非常严重。又如，长期以来，浙江省以"高投入、高消耗、高排放、低效益"为主要特征的粗放型经济增长方式尚未根本改变，结构性污染问题突出，在浙江省东阳市，印染、化工医药企业产值仅占当地工业生产总值的6%，废水、COD和氨氮排放量却分别占总工业排放量的65%、73%和82%。农村污染也比较严重。在浙江省，化肥农药、种植业废弃物、养殖业排泄物和农村生活污水的污染负荷已占全部污染负荷的1/3以上。同时，由于生态化农业生产模式尚未全面实施，农药化肥的施用仍然量大，且利用率低；渔业养殖污染控制尚未取得实质性进展，一些山塘水库甚至存在用化肥增肥养鱼的情况，直接导致水体富营养化。再有分布在广大农村的河道内源污染更是亟待解决，河道淤积严重，一些河浜已经沼泽化。

5. 浙江省海洋环境污染仍在继续

改革开放以来，浙江近岸海域水质受无机氮、活性磷酸盐超标的影响，海洋环境污染相当严重，绝大部分环境功能区未能达到保护目标要求，污染程度位于全国沿海省（市、自治区）的前列。甚至20世纪90年代初期以后的十多年时间内，近岸海域水质已无一类海水，同时超四类海水比例多年过半。2014年，海域水体呈重富营养化状态，水质状况、水质级别为极差，全省近岸海域所实施监测的57 469平方千米海域中，15.7%为一类海水，5.3%为二类海水，14.9%为三类海水，9.3%为四类海水，54.8%为劣四类海水。

第三节　浙江省推进长江经济带生态文明建设思路与主要路径

在长江沿岸各省市，活跃着浙商的身影；在长江经济带上，来自浙江的资金、商品、技术、人才等要素热流涌动。面对长江经济带国家战略，浙江主动对接，积极融入，奏响了一曲雄浑有力、遥相和鸣的"长江协奏曲"。在生态建设方面，浙江是习近平总书记"绿水青山就是金山银山"重要思想的诞生地。从"五水共治"到治土治气，浙江在污染防治、生态修复等方面已先行一步。探索出一条"绿水青山就是金山银山"发展之路的浙江，要将经验与兄弟省市共享，为长江经济带的绿色发展作出更大贡献，让长江经济带更富饶、更美丽。同时，新时期，浙江省要统筹考虑生态环境保护、生态经济发展和生态文明制度建设，制定实施"811"美丽浙江建设行动。围绕八大绿色发展目标，深入开展"五水共治""三改一拆"等行动，尽快形成比较完善的生态文明制度体系，基本建成生态省，成为全国生态文明示范区和美丽中国先行区。

一、建设生态安全屏障

实施全省主体功能区规划和生态环境功能区规划，根据资源环境承载能力，确定不同区域的主体功能，统筹谋划人口分布、经济布局、国土利用和城市化格局。浙江努力推动形成"三带四区两屏"的全省国土空间开发总体格局：环杭州湾、温台沿海和金衢丽高速公路沿线三大产业带进一步提升，成为全省新型工业化的主体区域；"两屏"之一的浙东近海海域蓝色屏障和重点生态功能区建设成效明显，生态安全得到有效保障。首先，筑牢生态安全屏障，推进"山上浙江"和"海上浙江"建设，构建以浙西南浙西北丘陵山区"绿色屏障"与浙东近海海域"蓝色屏障"为骨架，以浙东北水网平原、浙西北山地丘陵、浙中丘陵盆地、浙西南山地、浙东沿海及近岸和浙东近海及岛屿等六大生态区为主体的生态安全格局。浙西北山地丘陵生态区和浙西南山地生态区是浙江省重要的江河源头保护区和以森林为主体的绿色屏障，要严格保护森林生态系统和珍稀野生生物栖息地，以自然为主恢复退化的草、灌、林植被或生态系统，科学治理水土流失，积极防治地质灾害。建立严格保护区域，设立禁挖区、禁采区、禁伐区，停止一切导致生态功能继续退化的开发活动和污染环境的建设项目；建设生态公益林，开展封山育林和退耕还林，重视林格改造，适度开展生态移民；搞好生态产业示范，培育替代产业和新的经济增长点；优先建设一批小流域综合治理工程、"被改梯"工程、速生菇木林工程等。分布在全省各地的各类自然保护区、风景名胜区、森林公园和部分海域是重要的生物多样性保护区。自然保护区、风景名胜区和森林公园合计面积已达86.4万公顷，约占全省陆域面积的8.5％。履行《生物多样性公约》，实施《浙江省自然保护区发展规划》，加强自然保护区的建设和管理，抓好博物馆、水族馆、标本室、物种基因库等设施建设；加强保护区中各类活动的环境监督，防止生态破坏；保护珍稀野生生物栖息地与集中分布区；保护鱼虾类繁育区和鱼虾贝藻类养殖场的生态环境；防止外来物种入侵；强化临安天目山、平阳南鹿岛、凤阳山-百山组、定海五峙山鸟岛等生物多样性自然保护区的保护力度，禁止在核心区和缓冲区开展各类开发活动。实施碧海生态建设，控制入海污染物和海洋环境综合治理与生态修复为重点，加大海岸带入海排污口整治；对杭州湾、象山港、三门湾和乐清湾实施海湾生态修复计划；加强海洋生物资源保护与恢复，建立主要产卵场、种质资源保护区、增殖放流区，设置生态型人工鱼礁；建立重大海洋污染应急处理系统。

二、加快产业结构调整，建设以循环经济为主的生态产业体系

加快新型工业化进程，调整优化经济结构，培育发展循环经济，积极发展生态农业、生态工业、现代服务业，大力倡导绿色消费，推动发展模式从先污染后治理型向生态亲和型转变，增长方式从高消耗、高污染型向资源节约和生态环保型转变，使生态产业在国民经济中逐步占据主导地位，形成具有浙江特色的生态

经济格局。

1.调整优化产业结构

坚持以信息化带动工业化，进一步转变经济增长方式，正确处理发展高新技术和传统产业、资金密集型产业和劳动密集型产业、虚拟经济和实体经济的关系，推进产业结构优化升级，形成以高新技术产业为先导、制造业和基础产业为支撑、服务业全面发展的产业格局。发挥优势，突出重点，培育一批科技含量高、资源消耗低、环境污染少的优势行业、优势企业和优势产品。继续保持和不断强化纺织、服装、机械等产业的竞争优势，大力发展电子、医药、环保等产业，加快建设以高新技术产业为先导、高附加值特色产业为支柱的先进制造业基地。深化农业和农村经济结构的战略性调整，进一步发展效益农业和农产品加工业，提高农产品附加值，提高土地和水资源的利用效率。积极发展海洋高新技术，在保护的同时开发利用海洋资源，发展海洋经济。大力推广先进适用技术，集中力量开发一批共性技术和关键技术，加快建设区域创新体系。发展现代物流业、信息服务业、文化传媒业、旅游会展业、金融保险业、中介服务业和房地产业等，提高第三产业在国民经济中的比重，实现产业结构由"二三一"向"三二一"的转变。

2.培育发展循环经济

树立循环经济理念，探索发展循环经济的有效途径，推动"资源—产品—污染排放"所构成的传统模式，向"资源—产品—再生资源"所构成的循环经济模式转变。以物质流、能量流和信息流为突破口，遵循减量化、资源化、无公害化原则，依靠科技创新和政策引导，实现经济效益、资源效益与环境效益"多赢"。全面推行清洁生产。切实抓好石化、钢铁、电力、化工、建材、有色金属、纺织印染、造纸等重点行业的资源消耗减量化。大力推广资源节约型农业技术和农业废弃物资源化利用技术，加快推广应用有机肥，促进农作物秸秆、畜禽排泄物、农产品加工副产品、农林剩余物、废农用薄膜等的综合利用。积极、稳妥、有序推进再生资源综合利用产业基地、区域集散市场、专业分拣中心建设，发展社区、村镇回收网点和电子网络在线收废，支持国家和省定点回收拆解废旧家电、报废汽车资质的企业跨区域发展现代连锁网络。充分发挥企业在物质循环建设体系中的主体作用，积极开展符合浙江经济特点的循环经济试点。扶持一批企业内资源循环利用的省级示范企业和企业间资源循环利用的省级示范园区，进行产业与产业之间、生产与消费之间资源反复循环利用的循环经济实验。

3. 积极发展生态农业

2014年4月18日，国家农业部正式批复支持浙江开展现代生态循环农业试点省建设，12月18日，共建合作备忘录正式签署。至此，浙江成为全国唯一的现代生态循环农业发展试点省。要在2015—2017年3年时间内，通过全面推进"一控两减三基本"，即守住农业用水总量控制、化肥农药施用总量减少、畜禽养殖粪便与死亡动物、农作物秸秆、农业投入品废弃物基本实现资源化利用或无害化处理的发展底线，形成产业布局生态、资源利用高效、生产清洁安全、环境持续改善的现代生态循环农业发展体系和农业可持续发展长效机制。加快绿色农产品生产。利用浙江省特有的生态资源优势，形成布局合理、结构优化、标准完善、管理规范的绿色食品和有机食品体系。启动省级生态农业示范县建设，建设一批绿色食品和有机食品生产基地。以畜禽生态养殖示范为抓手，大力发展绿色畜牧业。突出发展适应国内外市场需求的绿色名特优农产品，实现品种优质化、生产集约化、产品安全化和管理科学化。建立农产品生产、加工绿色认证体系。变"绿色壁垒"为绿色动力，扩大绿色农产品的出口。推广生态农业模式。积极推广以沼气为纽带的生态农业开发模式，以农田为重点的粮经作物轮作模式，以减少面源污染为核心的农药、化肥、地膜科学使用模式。应用农业地质调查成果，优化农业区域布局。建设若干高产、优质、低耗和防治污染、综合开发的生态农业示范园区。在水网平原，加强防洪排涝工程和河道整治，发展以粮畜渔为基础，蔬菜、瓜果等经济作物相结合的生态农业。在丘陵盆地，积极开展小流域综合治理和开发，发展立体种植、农牧渔相结合的生态农业。在山地丘陵，发展以名茶、名果、笋竹、药材、高山蔬菜等作物立体种植为主体的生态农业。在沿海港湾平原，发展以沿海种植业、滩涂养殖业为主的生态农业。在海洋岛屿地区，减轻捕捞强度、发展以生态渔业和节水型种植业为主的生态农业。积极推行以科技为支撑的现代农业。加强植物和动物基因工程有种技术研究与开发，完善良种选育、繁殖和推广体系。加强农业技术推广服务站点和网络建设，重点推广精准育种和播种、平衡施肥和科学灌溉。加强农业生态环境与农产品质量监管。重点解决动植物病虫、畜禽药物残留与卫生质量、大宗农产品的农药残留和重金属污染等问题。扩大农业生态环境质量监控点的覆盖面积，落实畜禽养殖业污染防治，研制开发高效疫苗、动物疫病的快速诊断技术和安全无污染饲料添加剂新品种。研究制定农药、化肥安全使用技术规范和实施方案，推广使用可降解地膜。进一步规范外来物种和转基因生物安全的监督管理，严格实行生物释放安全环境影响报告制度。

4. 大力发展生态工业

在进一步整合各类工业园区的基础上，推进工业园区的生态化改造。通过优化整合，促进污染项目集中布点，集中治理，达标排放，全面加强开发区和工业园区的生态环境建设。按照产业链、供应链的有机联系，逐步实现上、中、下游物质与能量逐级传递，资源循环利用，污染物减量排放。发展壮大环保产业。研制和生产具有市场竞争力的环保产业名牌产品，形成结构合理、适销对路、技术含量高的环保产业体系。重点开发推广生活垃圾、畜禽粪便、秸秆无害化和资源化，工业企业污染预防和集中治理，废弃物综合利用，以及水资源重复利用技术与设备，环境监测仪器设备等。建立环保关键技术和产品研发试验基地，发展一批产值亿元以上的环保产业骨干企业和集团。

5. 加快发展现代服务业

发展文化产业。实施浙江省民族民间艺术保护工程，保护和挖掘历史文化遗产，整合开发文化资源，加快建设西湖文化广场、杭州大剧院、浙江美术馆和各地的重点文化设施，重点发展广播影视、音像电子、新闻出版、文化娱乐、工艺美术等产业群，组建若干个具有规模优势和竞争实力的文化产业集团，提高浙版图书、美术书法、印学和地方艺术剧种的市场竞争力，利用现代信息技术创新传播渠道和经营方式，逐步建成以城市为中心、覆盖全省的文化传媒网络。发展生态旅游业。进一步挖掘和整合生态旅游资源，规划、设计并推出一批生态旅游产品。坚持旅游开发与生态环境建设、历史文化遗产保护同步规划、同步实施，以森林、农业、海洋、江河溪流等生态环境资源为载体，把生态观念和生态文化融入旅游的各个环节。建设若干主题型生态旅游区，使生态旅游成为浙江省的重要品牌，带动全省旅游业整体水平的提高。发展现代商贸、物流和信息服务业。根据浙江省块状经济特色和市场大省特点，加快发展现代物流体系，改造传统百货零售业，积极推进连锁经营。提倡绿色营销，创建绿色市场，形成绿色、有机食品的流通渠道和交易体系。积极发展会展业，继续办好杭州西湖博览会、宁波国际服装节等。加快发展信息服务业，大力发展网络服务、信息内容服务以及各类应用服务，开展远程教育和远程医疗，积极发展电子商务，努力规范并继续实施"金桥""金卡""金关""金税"等工程。[①]

6. 提高创新能力

注重科技进步和技术创新，大力实施创新驱动发展战略，从劳动力、土地、资源等要素投入为主向创新引领转型。积极运用高新技术对农业、工业、服务业进行生态化改造。加大技术研发力度，努力攻克大气污染控制、水体污染治理、废弃物资源化利用等关键技术。

---

①参考《浙江生态省建设规划纲要》。

三、持续推进环境治理和生态保护

1. 坚持抓"五水共治"

把"五水共治"作为重大战略常抓不懈，形成规划指导、项目跟进、资金配套、监理到位、考核引导、科技支撑、规章约束、指挥统一的保障机制。重点整治垃圾河、黑河、臭河，实现城镇截污纳管基本覆盖，农村污水处理、生活垃圾集中处理基本覆盖。加快推进化工、印染、造纸、制革等重污染行业的淘汰落后、整治提升工作，推进种养殖业的集聚化、规模化经营和污物排放的集中化、无害化处理，强化农业面源污染防治。防洪水、排涝水、保供水、抓节水要齐抓共治、协调并进。实行最严格的水环境监管制度，搞好以小流域治理为主要内容的钱塘江、瓯江及其他流域中上游水土保持，全面落实"河长制"，动员全社会力量参与水环境治理，构建良好水生态系统。强化流域统筹、疏堵并举，全面开展江河湖库治理，解决防汛防台抗旱突出问题。深入推进重点流域、主要污染河段以及平原河网的污染整治。加强城镇污水处理设施建设，提高城乡污水处理效率，提升污泥无害化处置水平。加大水利基础设施和重大水利工程建设，完善城市、县城排涝管网设施。全面开展农村生活污水处理和卫生设施改造。强化饮用水源安全保障，推进饮用水水源地与取水裸露管网的污染防治与管理，健全完善水质监控、超标预警和应急处置机制。加强全社会节水教育，坚持节约用水、科学用水。

2. 坚持抓雾霾治理

深入实施《浙江省大气污染防治行动计划（2013—2017年）》，认真落实六大专项实施方案，切实改善环境空气质量。严格控制煤炭消费总量，大力推进"煤改气"工作，加强高污染燃料禁燃区建设。加强机动车污染防治，加快彻底淘汰黄标车，大力推广新能源汽车等环保交通工具，切实做好油品提升和城市治堵工作。深入实施工业脱硫脱硝减排工程，加大工业烟粉尘、挥发性有机废气治理。加强城市烟尘整治，全面建成"烟控区"。严格控制城市工程扬尘和农村废气排放，全面禁止农作物秸秆焚烧。建立健全重污染天气监测、预警和应急响应体系，积极参与长三角地区治气降霾联防联控，不断完善大气污染区域联防联控机制。

3. 坚持抓土壤净化

强化土壤环境保护和综合治理。全面开展土壤污染防治行动和土壤修复工程，深化重金属、持久性有机污染物综合防治，建立覆盖危险废物和污泥产生、贮存、转运及处置的全过程监管体系。严格控制新增土壤污染，明确土壤环境保护优先区域，实行严格的土壤保护制度。全面开展重点区域土壤环境调查，建立全省土壤信息数据库，加快构建土壤环境监测体系，逐步实现主要农产品产地土壤环境状况动态监控。排查并划分污染场地环境风险，全面强化污染场地开发利用的监督管理，逐步推进污染企业原址、废弃矿场的土壤污染修复示范工程。[①]

4. 其他

全面加强噪音、光污染治理，强化核与辐射监管。加大垃圾治理力度，实现城乡垃圾分类处理全覆盖，推进农林废弃物、建筑垃圾、餐厨废弃物处理减量化、无害化、资源化。深入推进畜禽养殖业转型提升、化肥和农药减量使用，切实减少农业面源污染。

四、加强能源资源节约集约高效利用

落实能源和水资源消耗、建设用地等总量和强度双控行动，强化约束性指标管理，加快推动资源利用方式根本转变。积极推行清洁生产。认真贯彻实施《中华人民共和国清洁生产促进法》，从源头上削减污染，节约和合理利用自然资源，积极推行ISO 14000环境管理标准，逐步建立比较完善的清洁生产管理体制和实施机制。发展清洁能源和可再生能源。充分发挥可再生能源资源丰富的优势，调整优化能源结构，控制煤炭消费总量的增长，增加清洁能源比重。燃煤电厂安

---

①参考《中共浙江省委关于建设美丽浙江创造美好生活的决定》。

装脱硫装置，实施洁净煤工程，运用先进适用技术和环保技术改造、提高传统能源产业。继续发展水电和核电，充分利用"西气东输"天然气，加快东海油气资源和进口液化天然气的开发利用，因地制宜推广风力发电和太阳能利用，积极探索潮汐发电，开发利用地热能、海洋能等资源，使能源结构逐步适应生态经济体系建设的需要。实施全民节能行动计划，开展重点用能单位节能低碳行动和重点产业能效提升行动。提高建筑节能标准，推广绿色建筑和建材。优先发展公共交通，提高城乡公交覆盖率和城市公交分担率，推广节能与新能源交通运输装备。落实最严格水资源管理制度，全面推进节水型社会建设。加强雨洪资源利用，加快海绵城市建设。坚持最严格节约用地制度，逐年减少建设用地增量，强化土地利用规划管控和用途管制，优化生产生活生态用地比例结构，大力盘活城乡存量建设用地，推进城乡低效用地再开发、低丘缓坡荒滩未利用地开发和工矿废弃地复垦利用，提高土地产出效率。加大滩涂围填海造地力度，有效补充新增耕地，统筹落实重大项目耕地占补平衡。推进绿色矿山建设，促进矿产资源高效利用。持续强化结构、工程、管理减排，继续削减主要污染物排放总量。探索建立全省碳排放总量和强度控制机制，主动控制碳排放。

五、加快建设美丽乡村、美丽城市

多年来，浙江不断丰富村庄整治和美丽乡村建设的内涵，从人居环境、基础设施和公共服务建设起步，结合生态省建设、文化大省建设和"三改一拆""五水共治"的要求，坚持一张蓝图绘到底、一届接着一届干，形成了目前以"四美三宜二园"为目标的美丽乡村建设局面，走出了一条具有浙江特色的美丽乡村建设新路子。到2014年底，全省2.7万个左右建制村完成了村庄整治建设，整治率达到94%左右，46个县（市、区）成为美丽乡村创建先进县。继续深入实施"千村示范、万村整治"工程，打造1000个美丽乡村精品村、100个旅游风情小镇。加快建设美丽城市，促进城市有机更新、环境改善、景观再造，构建集约高效的生产空间、宜居适度的生活空间、山青水秀的生态空间。

六、加强与长三角地区生态合作，共建美丽长三角

加强与江苏、安徽、江西、福建等跨省生态功能区共建，对重要生态功能区和区域生态走廊实施限制性保护，加大千岛湖、太湖的水环境治理和水资源保护力度。加强山区绿色生态屏障建设，强化钱塘江、太湖等主要流域源头地区的生态保护，推进森林扩面提质，建设水源涵养林。推进江海联防联控，重视海洋生态环境保护，加强沿海和海岛的"蓝色生态屏障"建设，实施海洋生物资源和重要海域生态环境恢复工程，加强长三角地区三省一市的合作，重点在污染源联防联控、污染协同治理、重大污染事件防范应对、生态保护与修复、环境联合执法等领域开展广泛有效的交流与合作。①

①参考《浙江省十三五规划建议》。

第十二章　江苏省生态文明建设

　　江苏自然资源相对贫乏，长江就是最宝贵的资源——长江横穿江苏东西425千米，流经南京、镇江、扬州、泰州、常州、无锡、苏州、南通8个地市，赋予江苏1175千米岸线资源和369千米的深水航道，沿江地区是长三角名副其实的"黄金江岸"。江苏省出台贯彻落实《国务院关于依托黄金水道推动长江经济带发展的指导意见》的实施意见，将着力建设"五个区"，其中"一区"即是全国生态文明建设先行示范区，要求率先建成生态省，林木覆盖率提高到24%，主要江河湖泊水功能区水质达标率达85%。

第一节　江苏省生态资源概况

1. 水资源

江苏水资源十分丰富，境内降雨年径流深为150～400毫米。江苏省地处江淮沂沭泗五大河流上游，长江横穿本省南部，江水系本省最可靠的水资源。境内有太湖、洪泽湖、高宝湖、骆马湖、微山湖等大中型湖泊，以及大运河、淮沭河、串场河、盐河、通榆运河、灌溉总渠和通扬运河等各支河，河渠纵横，水网稠密。江苏省湿地资源丰富，有滨海湿地、河流湿地、湖泊湿地、沼泽湿地、人工湿地5个类型，湿地面积39 980平方千米，约占国土面积的39%，是全国湿地资源最为丰富的省份之一。全部湿地中，天然湿地17 480平方千米，人工湿地22 500平方千米。江苏省平原地区广泛分布着深厚的第四纪松散堆积物，地下水源丰富。全省地下水总量对农灌具有开采意义的是徐淮浅层水，约29.57亿立方米/年，供垦区及海涂开发，人畜饮用的沿海深层地下水5.85亿立方米/年。

2. 矿产资源

江苏省地跨华北地和扬子准台两大地质构造单元，有色金属类、黏土类、建材和稀有金属类、特种非金属类矿产是江苏矿产资源的特色和优势。目前已发现的矿产品种有133种，已探明储量的65种，其中建材、黏土等34种单矿储量列全国前10位，铌钽矿、方解石、泥灰石、凹凸棒石黏土等8种矿产保有储量列全国第1位。

3. 生物资源

江苏省野生动物资源数量较少，但是植物资源非常丰富，约有850多种，尚有可利用和开发前途的野生植物资源600多种。水生动物资源极为丰富。东部沿海渔场面积达10万平方千米，其中包括著名的吕四、海州湾等渔场，盛产黄鱼、带鱼、鲳鱼、虾类、蟹类及贝藻类等水产品。内陆水面有2600多万亩，养殖面积1200万亩。有淡水鱼类140余种，是全国河蟹、鳗鱼苗的主要产地。被称为"长江三鲜"的鲥鱼、刀鱼、河豚，"太湖三白"的白鱼、银鱼、白虾，都是水中珍品。鸟类主要是野鸡、野鸭，沿海有丹顶鹤、白鹤、天鹅等珍稀飞禽。

4. 农业资源

全省耕地面积7353万亩，占全国的3.97%，人均占有耕地0.99亩。沿海滩涂890多万亩，是重要的土地后备资源。江苏是著名的"鱼米之乡"。农业生产条件得天独厚，农作物、林木、畜禽种类繁多。粮食、棉花、油料等农作物几乎遍布全省。种植利用的林果、茶桑、花卉等品种260多个，蔬菜80多个种类、1000多个品种，江苏蚕桑闻名全国，有名茶"碧螺春"等。

5. 旅游资源

江苏拥有丰富的旅游资源。世界遗产、非物质文化遗产、5A级景区、国家级旅游度假区、国家级地质公园、国家级自然保护区、国家级森林公园、国家重点风景名胜区、国家历史文化名城、中国历史文化名镇、全国优秀旅游城市、全国重点文物保护单位、省级文物保护单位多处。自然景观与人文景观交相辉映，有小桥流水人家的古镇水乡，有众口颂传的千年名刹，有精巧雅致的古典园林，有烟波浩渺的湖光山色，有规模宏大的帝王陵寝，有雄伟壮观的都城遗址，纤巧清秀与粗犷雄浑交汇融合，可谓是"吴风汉韵，各擅所长"。

第二节　江苏省生态文明建设现状

一、江苏省生态文明建设成就

江苏在全国各省（区）中人口密度最大、人均环境容量最小、单位国土面积工业污染负荷最高，独特的省情和发展阶段决定了生态文明建设的紧迫性。多年来，省委省政府高度重视环境保护和生态建设，把节能减排作为生态文明建设的重点，铁腕治污、刚性降耗，完成了节能减排约束性指标，实现了从"环保优先"到"让生态文明成为江苏的重要品牌"，再到"更大力度建设生态文明"的不断跃升。

1. 省政府高度重视

早在1988年省七届人大代表会议上，江苏省就把保护环境和生态平衡列为实现江苏第二步奋斗目标的五个战略重点之一。在向市场化转变过程中，江苏省相继配套出台很多文件。自1993年起，为认真贯彻落实党的十四大精神和环境与发展十大对策，做出《关于进一步加强环境保护工作的决定》。为控制环境污染，改善环境质量，同年根据国家《环境保护法》《水污染防治法》《大气污染防治法》及有关法律、法规结合本省实际，制定了《江苏省排放污染物总量控制暂行规定》，提出规定的区域和单位当首先实施排放污染物总量控制，对污染单位实行排放污染物许可证制度，对酸雨控制区和二氧化硫控制区征收二氧化硫排污费，同时提高车用含铅汽油的消费税税率。对污水处理费应按照补偿排污管网和污水处理设施的运行维护成本，并合理盈利的原则核定，在水环境治理方面落实了市场化的运行机制。1998年江苏省委、省政府召开全省第七次环保会议，进一步明确江苏省跨世纪环保目标、任务和措施，并分别与13个省辖市政府签订环保目标责任状。全省环境质量恶化势头基本得到控制，局部地区环境质量状况呈现好转的趋势。2000年，继江苏省张家港、昆山市之后，苏州市和江阴市又荣获"全国环境保护模范城市"称号。2001年完成《江苏省环境保护十五计划纲要》《江苏省太湖水污染防治十五计划》《江苏省淮河流域水污染防治十五计划》以及南水北调东线治污计划等专项规划的编制工作。2002年，江苏省计划与经济委员会、环境保护厅等5个部门印发《江苏省生态建设与环境保护"十五"计划》，明确新世纪环境保护的指导思想、目标和重点。2003年，江苏省委、省政府颁发了《关于加强生态环境保护和建设的意见》和《生态环境保护和建设省有关部门任务分解方案》，对建设任务和内容逐项进行细化、分解和明确。2004年，出台《关于落实科学发展观促进可持续发展的意见》，实施《江苏生态省建设规划纲要》，确定了江苏生态省建设的指导思想、目标任务、建设内容和工作措施，明确经济发展、资源与环境保护、社会进步三大类20项主要监测指标。江苏省委第十一届十次全会明确提出"生态更文明"是"两个率先"的重要体现，把生态文明建设工程作为推进"两个率先"的"八大工程"之一。省委十二次党代会提出要"更大力度建设生态文明"，十二届四中全会指出要"更大力度推进生态文明建设，使生态文明成为江苏的重要品牌"，"建设资源节约、环境友好的生态文明新体系"。"十二五"以来，江苏省坚持把生态文明作为科学发展的重要标杆，出台了省级生态文明建设规划和生态红线保护规划，积极构建生态补偿机制和绿色发展评估机制，突出抓好大气、水污染防治和城乡环境综合整治，生态空间保护、经济绿色转型、环境质量改善、生态制度创新等取得积极进展，生态文明建设工程取得明显成效。2014年，省委、省政府颁布实施《江苏省生态红线区域保护规划》，明确将生态红线区域范围内的湿地分为一级管控区、二级管控区进行严格管理，并出台专门的考核评估办法，逐年对其保护管理状况予以评估考核。《江苏省湿地保护规划（2015—2030年）》和《江苏省湿地保护实施规划（2015—2020年）》相继出台，湿地立法工作得到重视。苏州、南京相继颁布地方湿地保护条例，《江苏省湿地保护条例》已列入人大立法计划。

2. 环保优先方针不断强化

2004年出台的《江苏省长江水污染防治条例》首次提出生态环境保护优先原则，强调要在保护中开发、在开发中保护。2005年，省委十届九次全会确立了"富民优先、科教优先、环保优先、节约优先"的发展方针。2006年，省委、省政府出台《关于坚持环保优先促进科学发展的意见》，全省环境保护大会进一步明确了环保优先10个方面的具体内容。先后发布实施《江苏省市县党政主要领导干部环保工作实绩考核暂行办法》《关于建立促进科学发展的党政领导班子和领导干部考核评价机制的意见》，将环保工作实绩、产业结构调整、节能减排成效、环境质量改善、城乡绿化建设等作为党政领导班子和领导干部政绩考核的重要内容，在全面小康社会建设和科学发展考核体系中实行环保"一票否决"。坚持环保优先、践行环保优先已成为全省上下的共识和自觉行动，为扎实推进生态文明建设奠定了坚实的思想基础。

3. 转型升级取得成效

产业结构调整不断深化，第三产业比重超过48%，年均提升1.4个百分点，三次产业结构实现"三二一"的标志性转变。旅游业总收入9050亿元，年均增长14.1%。新兴产业销售收入突破4.5万亿元。先进制造业加快发展，智能制造、技术改造、品牌建设力度加大。强化节能减排和资源节约集约利用，"十二五"期间，实施1万多个重点节能减排工程，单位土地GDP产出率提高50%，单位GDP能耗下降和主要污染物减排超额完成国家任务。突出创新引领，重抓六个优化，促进经济提质增效升级。创新型省份建设迈出重要步伐，区域创新能力连续7年位居全国首位。"十二五"期间，全社会研发投入1788亿元，科技进步对经济增长贡献率达到60%。高新技术产业产值比重达40.1%，大中型企业研发机构建有率达88%，高校协同创新成效明显，省产业技术研究院建设加快推进。万人发明专利拥有量突破14件。引进国家千人计划创业类人才占全国1/3，高技能人才总量293.2万人。

4. 江苏省区域环境有一定的改善

2015年江苏省环境公报显示，水环境方面，全省地表水环境质量总体处于轻度污染。列入国家地表水环境质量监测网的83个国控断面中，水质符合Ⅲ类的断面比例为48.2%，Ⅳ～Ⅴ类水质断面比例为49.4%，劣Ⅴ类断面比例为2.4%。与2014年相比，符合Ⅲ类断面比例增加2.4个百分点，劣Ⅴ类断面比例上升1.2个百分点。其中，江苏省长江干流水质较好，10个监测断面水质均符合Ⅲ类标准，与2014年相比水质保持稳定。主要入江支流水质总体处于中度污染，41条主要入江支流的45个控制断面中，水质符合Ⅲ类、Ⅳ类、Ⅴ类和劣Ⅴ类断面分别占54.5%、22.7%、2.3%和20.5%，影响水质的主要污染物为氨氮、五日生化需氧量和总磷。与2014年相比，符合Ⅲ类标准的水质断面比例持平，劣Ⅴ类断面比例上升6.9个百分点。列入国家《长江中下游流域水污染防治规划（2011—2015年）》的9个考核及评估断面中，5个考核断面年均浓度均达到考核目标要求，4个评估断面中有3个年均浓度达到目标要求。空气环境方面，2015年，13个省辖城市环境空气质量均未达到国家二级标准要求。但与2014年相比，全省环境空气质量有所改善；$PM_{2.5}$年均浓度较2014年下降12.1%，较2013年下降20.5%；PM_{10}、二氧化硫和二氧化氮浓度也均有不同程度下降。生物环境方面，太湖、长江、京杭大运河等主要水体水生生物多样性调查结果显示，2015年，全省生物环境无明显变化。主要河流底栖动物物种多样性评价等级为丰富、较丰富的断面分别占8.8%和33.8%，一般、贫乏和极贫乏断面分别占26.5%、11.8%和13.2%，未采集到底栖动物的断面占5.9%；主要湖泊底栖动物物种多样性评价等级为丰富、较丰富的测点分别占7.6%和43.4%，一般的测点占39.6%，贫乏和极贫乏的测点分别占5.6%、3.8%。近岸海域环境方面，2015年，全省近岸海域16个国控海水水质测点中，符合或优于《海水水质标准》（GB 3097—1997）二类标准的比例为75.1%，较2014年上升12.6个百分点。土壤环境方面，2015年，根据国家要求，江苏省对规模化畜禽养殖场周边土壤环境状况开展了试点监测。监测结果表明，规模化畜禽养殖场周边土壤环境状况总体良好。

二、江苏省生态文明建设存在的问题

1.水生态面临挑战

一是水体污染与经济社会可持续发展的矛盾十分突出。由于人口多，经济总量大，单位面积污染物排放量达到全国平均值的11倍，许多河湖水体超量纳污，水体污染十分严重，2/3水域因水质恶化，使用功能受到严重影响。虽然近几年来加大了治理力度，但治理速度还跟不上污染物排放的增加速度。以太湖为例，2012年实际入湖污染负荷中，总磷为0.204万吨、总氮为4.8万吨，分别是全湖允许纳污量的3.0和2.7倍。水污染已成为制约国民经济可持续发展的重要因素。二是水生态环境退化依然十分严重。一方面，河湖生物种群锐减，并以耐污型种群逐渐成为优势种，湖泊普遍富营养化，导致蓝藻持续大规模暴发；另一方面，河湖萎缩，水域面积锐减。同时，沼泽化趋势明显。由于长期围垦、淤积和养殖，大部分湖泊都存在沼泽化现象，生态调节功能日趋退化。大量污染物滞留河湖，在河湖内部沉淀，日积月累，形成严重内源污染。以太湖为例，污染淤泥淤积面积达到1960平方千米，占整个湖体面积的60%，严重区域淤积的污染底泥达1.5米以上，太湖湖泛生态危害的发生一个重要原因是与太湖严重的底泥污染有直接关系。三是洪涝灾害和局部水资源短缺的矛盾依然存在。尽管江苏跨流域调水已经达到一定规模，但是在沿海地区、淮北地区和丘陵山区水资源量不足的矛盾仍然比较突出。根据江苏水资源综合规划成果，中等干旱年份，全省缺水量为28.9亿立方米；特殊干旱年份，全省缺水51亿立方米，多年平均全省缺水10.3亿立方米。四是水资源浪费现象依然十分普遍。用水效率不高，2012年，江苏万元GDP用水量102立方米，高于发达国家50立方米的水平；现状农田灌溉水利用系数约为0.5，发达国家为0.7～0.8；万元工业增加值用水量19立方米，而发达国家为7～9立方米；工业用水重复利用率不足60%，远低于发达国家75%～85%的水平；城镇供水综合漏失率达20%，而美国、日本等发达国家早已降至10%以下。大量的水资源消耗直接导致废污水的大量排放，严重破坏了水生态环境，加剧了水体污染，形成恶性循环。[1]

2.区域性大气灰霾污染加重

大气污染已由传统的煤烟型向工业废气、机动车尾气、扬尘、挥发性有机物等叠加造成的复合型污染转变。特别是在不利气象条件和人为污染综合作用下，

---

①陆桂华.江苏省推进水生态文明建设的实践和探索［J］.中国经贸导刊，2014（1）.

区域灰霾现象日益增多。按空气质量新国标评价，2016年全省空气质量达标比例只有70.2%。

3. 面临环境风险的挑战

江苏是经济大省，也是化工大省，因此江苏面临的环境风险非同寻常。以化工为主的风险源企业数量位居全国前列，加之重点石化行业企业、危险品仓储单位等重要环境风险源大多沿江依湖临河而建，尤其是一些城市的集中式饮用水源地取水口靠近化工园区排污口，一旦发生突发环境事件，极易引发连锁性社会风险。随着工业化、城市化进程的加快，安全事故、交通事故引发的次生污染也日益增多，江苏区域性环境风险更加突出，目前已进入了环境风险的高发和高危期。[①]

第三节　江苏省推动长江经济带生态文明建设思路与主要路径

长江经济带走生态优先、绿色发展之路，作为经济发展较快的地区，江苏转型发展要走在前列，率先作为。在推进沿江开发发展中，江苏省提出，特别要做好留白、增绿文章。江苏省委书记罗志军说，我们要切实把保护修复长江生态环境摆在压倒性位置，采取更严的手段，落实更严的举措，让水清鱼跃成为江苏境内长江生态环境的鲜明标志。目前，江苏省人多地少、自然资源匮乏、环境脆弱的特殊省情没有改变。新时期要进一步深化对生态文明建设的认识，把绿色发展作为建设"强富美高"新江苏的重中之重，通过推进生态文明建设为倒逼发展方式转变提供强劲动力，走出一条经济发展与生态文明相辅相成、相得益彰的路子。

---

① 李宗尧. 扎实推进江苏生态文明新体系建设 [J]. 江苏大学学报（社会科学版），2013（9）.

一、加快建设主体功能区

江苏省应结合实施江苏主体功能区划，科学评估和优化调整全省重要生态功能区保护规划，切实把重要生态功能区作为禁止或限制开发区域严格保护起来，确保受保护国土面积不低于20%，划定生态红线，做到应划尽划、留足空间，为子孙后代留下更多的生态空间。依据生态功能和生态脆弱区域分布特点，结合江苏省自然地形格局和重要生态功能区分布，形成"两横两纵"生态保护与建设重点地区区域布局。"两横"是指长江和洪泽湖—淮河入海水道两条水生态廊道。长江是江苏重要的饮用水水源地，是江苏人民赖以生存和发展的母亲河；洪泽湖—淮河入海水道是连接海洋和西部丘陵湖荡屏障的重要纽带，是亚热带和暖温带物种交汇、生物多样性比较丰富的区域。"两纵"是指海岸带和西部丘陵湖荡屏障。广阔的近海水域和海岸带，是江苏重要的"蓝色国土"。西部丘陵湖荡屏障，主要由骆马湖、高邮湖、邵伯湖、淮北丘岗、江淮丘陵、宁镇山地、宜溧山地等构成，是江苏大江大河的重要水源涵养区，也是全省重要的蓄滞洪区和灾害控制区，对于全省水源涵养、生态维护、减灾防灾等具有重要作用。

二、加强生态系统保护与修复

1.实施江河湖泊水网保护

加强长江水污染防治，全面开展主要入江支流水环境综合整治，严格限制石油加工、化学原料及化学制品制造、医药制造、化学纤维制造、有色冶金、纺织、危险化学品仓储等建设项目，加强入江排污口的治理和监管，削减入江污染物总量，重点防治有机毒物污染，严格控制重金属、持久性有机毒物和内分泌干扰物质排入长江。深入推进淮河流域水污染治理。以控制氨氮为重点，加强跨省界河流的达标治理工作，加快建设城镇污水处理厂及配套管网，推进淮河流域治污和南水北调江苏段、通榆河"清水廊道"建设。进一步完善南水北调东线截污导流工程，解决徐州、宿迁、淮安等城市尾水出路问题，确保通水水质稳定达标。继续开展通榆河水污染治理，实施跨界水质目标考核，推进通榆河西岸尾水导流工程建设，保障沿海地区供水安全。保护与治理洪泽湖、高邮湖、骆马湖等大中型湖泊，遏制富营养化加重趋势。加强上游来水的污染监控和预警，建立上下游沟通和联动机制，有效防范突发性水污染事件。加大长江、淮河等大江大河及太湖、洪泽湖、骆马湖等湖泊水体的保护力度，从严控制河湖水域占用，严厉打击非法侵占水域、采砂、取土、取水、排污等破坏河湖生态健康行为，确保水域面积不减少。实施水生生态养护，控制捕捞船网、马力总量和捕捞强度，逐步减少渔民、渔船数量，严格执行海洋伏季休渔制度、长江禁渔期制度和湖泊休渔制度，到2022年，海洋、长江禁渔期符合国家规定，主要湖泊禁渔期平均达到4个月以上。实施人工增殖放流，建设海洋牧场，加快海州湾渔场、吕四渔场等重点海域生态修复。

2. 加强湿地保护

江苏省湿地区域包括太湖流域湿地区、长江沿江湿地区、淮河流域湿地区、滨海湿地区四个区域。要抢救性保护重要湿地资源；恢复扩大湿地面积和提升生态功能，逐步遏制湿地面积减少和湿地功能退化不利趋势；开展农用湿地可持续利用、湿地生态旅游等不同类型湿地资源可持续利用示范等，努力实现全省湿地保有量282万公顷，自然湿地保护率达50%，完成各类退化湿地修复30万亩，全省湿地面积萎缩、生态质量下降、生态功能退化的不利趋势得到基本扭转。到2030年，全省湿地保有量为282万公顷，自然湿地保护率达55%，全省湿地生态质量下降、湿地生态功能退化的不利趋势得到根本扭转。

3. 加强林地保护建设

科学开展封山育林和退耕还林，推进沿海及丘陵地区生态防护林封山育林工程建设，对退化林地进行生态修复，开展天然次生林、重点生态公益林保护。构建沿海防护林体系，在南通、盐城和连云港三市沿新老海堤建成高标准海岸基干林带。构建沿江、河、湖防护林体系，建设以长江、淮河、沂（沭）泗河等三大河流为主干，京杭大运河、南水北调水道、苏北灌溉总渠、通榆河等20余个一级支流及众多二级支流为框架的河流防护林系统，建设环太湖、洪泽湖、骆马湖等湖泊的湖岸防护林。建设黄河故道综合治理造林绿化工程，2017年，在徐州、淮安、盐城、连云港、宿迁5市18县（市、区）新建成片林8万亩，完成治理面积200万亩。加快丘陵岗地森林植被恢复，对二级提水及6°以上丘陵岗坡地实行退耕还林，改善生态环境，提升森林质量。建设石梁河、小塔山、安峰山、横山和天目湖等大中型水库周边的水源涵养林和水土保持林。2017年，完成丘陵岗地森林植被恢复示范造林8万亩。提升绿色通道建设水平，重点加强新建干线道路绿色通道工程建设，提高已有绿色通道建设标准，规划新建铁路绿色通道林带10万亩，高速及国干道路林带5万亩，县、乡道路林带10万亩。建设沿海、沿京杭运河、沿长江、沿古黄河、沿新洋港河、环太湖、环洪泽湖和环里下河地区区域风景路系统，形成"两纵三横三环"的绿色廊道系统。注重水系驳岸的自然生态效益，提高绿色廊道的生态稳定性、景观特色性和功能完善性，有机串联城市、集镇和村落，形成体现历史文化、自然山水和城镇风貌的绿色廊道。加强生态公益林抚育，重点加强石质山地、荒山荒滩、重要水源地和沿海防护林地带等生态环境敏感区域的生态公益林建设。加强速生丰产及珍贵用材中幼龄林抚育，提高单位面积产量，显著提高单位面积林木蓄积量，重点加强淮北速丰林主产区中幼龄林抚育。加快低效林改造示范，改造环太湖、宁镇扬、徐州和连云港等4个集中连片的丘陵岗地为主的低质、低效林和次生林。

4. 加强生物多样性保护

实施陆生野生动植物保护工程，拯救扩繁麋鹿、丹顶鹤、扬子鳄等国家一级重点保护野生动物，保护小叶银缕梅、宝华玉兰等珍稀濒危野生植物。加大水生生物养护力度，加强地方特有珍稀水生物种及其栖息繁衍场所的保护，在海洋、长江、湖泊等天然水域开展水生生物资源增殖放流，在鱼类产卵场、索饵场、越冬场和洄游通道等重要渔业水域建设水产种质资源保护区，建立江苏重要经济鱼类低温种质库。开展乡土树种原生境保护和主要农作物种质资源、森林树种和观赏园艺花卉品种种质资源等异地保护，建立野生蔬菜、果树、桑等野生种质资源原生境保护点，建成9种道地药材、重点保护野生药用生物保护基地。在苏中、苏南及列入国家和省级畜禽遗传保护名录的品种原产地，完善畜禽资源基因库、保护区和保种场建设。开展微生物资源的保护与开发利用。加强外来入侵物种的防范和控制，强化转基因作物环境释放的安全监管。加强泗洪洪泽湖、盐城珍禽、大丰麋鹿等国家级、省级自然保护区建设，扩大自然保护区核心区面积，积极开展森林公园、风景名胜区、郊野公园和水产种质资源保护区建设。

三、加大环境污染综合治理力度

以提高环境质量为核心，实行最严格的环境保护制度。实施工业污染源稳定达标排放计划，实现城镇生活污水和垃圾处理设施全面覆盖和稳定运行。推进多污染物综合防治和区域联防联控，扩大污染物总量控制范围，将细颗粒物等环境质量指标列入约束性指标。深入推进大气污染防治行动计划，推广燃煤机组超低排放改造，加强工业废气污染协同治理，完成油品升级工程，强化机动车船等移动源污染治理，控制挥发性有机物、扬尘和油烟污染，加强秸秆综合利用和禁烧，严格落实重污染天气应急预案，降低$PM_{2.5}$平均浓度，切实改善大气环境质量。全面实施水污染防治行动计划。深入开展流域综合治理，加强长江、淮河流域水污染防治，建设南水北调沿线、通榆河清水廊道，抓好地下水和近岸海域污染防治，强化主要入海河流、排污口和沿海化工园区整治，深入开展城镇河道综合整治。制定并实施新一轮太湖治理方案，推动环保科技示范与治理工程有效结合，突出氮磷控制，努力消除大面积湖泛发生隐患，促进湖体水质持续好转。制定实施土壤污染防治行动计划。加强农业面源污染防治，推进种养业废弃物资源化利用无害化处置。强化工业污染场地治理，扩大典型污染土壤修复试点。推进重金属污染防治。提高危险废弃物安全处置能力。

四、优化调整产业结构

坚持高端引领，大力发展带动力强、知识技术密集、物质资源消耗少、发展潜力大、综合效益好的战略性新兴产业，抢占产业发展制高点。

1. 加快发展现代服务业

深入实施服务业"十百千"行动，大力发展金融、现代物流、软件和信息服务等优势产业，积极发展云计算、物联网应用服务、电子商务等一批在全国具有先导性、示范性的高技术服务业，建设一批在全国具有较强影响力和辐射力的现代服务业集聚区，培育形成一批水平高、业态新、品牌优的服务业龙头企业，推动现代服务业高端化发展。提炼江苏山水文化、海洋文化、森林文化、传统农耕文化以及茶文化、竹文化、石文化中的丰富生态思想，大力发展生态文化产业，不断推动生态文明建设向纵深发展。

2. 推进工业转型升级

大力实施创新驱动战略，重点发展新能源、新材料、生物技术和新医药、节能环保等战略性新兴产业，引导战略性新兴产业与现有产业融合发展。全面提升装备制造、电子信息、石油化工等主导产业发展水平，提升产业层次和核心竞争力。强化传统产业的生态化改造，加大纺织、冶金、轻工、建材等行业兼并重组和技术改造力度，提高清洁生产和污染治理水平，推动传统优势产业转型升级，向高端、绿色、低碳方向发展。

3. 积极发展循环经济

按照"减量化、再利用、资源化"的原则，加大政策扶持力度，培育建设一批循环经济示范企业、示范园区，加快形成循环经济产业链。加快再生资源回收利用体系建设，加强废旧物资回收利用，逐步推行城市生活垃圾分类，扶持资源再生利用产业发展。全面推行清洁生产，依法对重点污染企业以及使用或排放有毒有害物质企业实施强制性清洁生产审核。加强矿产资源开发管理，有序开发利用现有矿产资源，大力推进尾矿、废弃矿的综合利用。加快发展低碳经济。大力开发与推广应用低碳技术，加快建立以低碳排放为特征的产业体系、生产方式和消费模式。全面推进低碳经济试点示范，加快建设一批各具特色的低碳城市、低碳园区、低碳企业和低碳社区，研究开发一批共性关键低碳技术，应用示范一批典型低碳产品，加快建立以低碳排放为特征的工业、能源、交通、建筑等产业体系、生产方式和消费模式。进一步完善控制温室气体排放的政策体系和体制机制。

4. 提升生态农业水平

普及农业清洁生产，加快循环型和节水型农业建设。加强农业面源污染控制，建立农村面源氮磷流失生态拦截体系，全面推广测土配方施肥，鼓励使用有机肥或有机无机复（混）合肥，实施农药化肥减施工程，推广可降解农膜。科学划定禁养区，控制畜禽养殖和水产养殖强度，推进畜禽养殖粪污集中收集处理体系建设，鼓励发展池塘循环水养殖，逐步实现渔业池塘养殖尾水达标排放。加快完善循环农业标准体系，大力推进农业标准化示范试点。进一步拓展农业循环产业链，探索种养结合、生态养殖、废弃物资源化利用等生态循环农业模式。加强农业废弃物无害化处理和资源化利用能力建设，积极发展生态都市农业、现代设施农业和创意生态农业。大力推进生态循环农业生产基地、无公害农产品、绿色食品和有机食品种植基地建设，切实保障"米袋子""菜篮子"有效供给和质量安全。

5. 强化人才科技支撑

着力优化人才发展环境，完善各类人才政策体系和人才公共服务平台，加强生态文明建设急需专业人才的引进和培养。继续深化与大院名校的交流合作，形成以企业为主体、市场为导向、产学研相结合的生态技术创新体系。大力发展生态环境保护技术，发展节能减排和循环利用关键技术，着力提升生态环境监测、

保护、修复能力和应对气候变化能力。①

五、推进资源集约高效利用

落实最严格的水资源管理制度、耕地保护制度和节约用地制度,严守生态红线。严格控制能源和煤炭消费总量,强化煤炭清洁高效利用,探索和建立能源消耗强度与能源消费总量、煤炭消费总量"三控"制度。积极建设沿江绿色能源产业带。研究制定新城镇新能源新生活行动计划,大力发展分布式能源、智能电网、绿色建筑和新能源汽车,推进能源生产和消费革命。重点推进无锡、徐州、常州、苏州、扬州太阳能光伏产业基地建设,建设无锡、常州、盐城、南通大型风电整机制造基地,推进盐城、南通、连云港海上风电应用基地建设,加快新能源汽车推广应用,推进常州、盐城新能源汽车整车基地建设。推进南京、苏州、扬州、盐城智能电网示范城市建设,加快南京、无锡、常州、苏州、南通、镇江电网自动化监控设备、智能配电设备等研发与生产基地建设。加快推进中石油如东、中石化连云港和中海油滨海等LNG(液化天然气)接收站项目,建设沿海天然气接收储备基地。建立健全岸线综合开发利用和保护协调机制,合理划分工业、港口、过江通道以及取水岸线,严格分区管理及用途管制,同时建立岸线资源的有偿使用和合理退出机制。

---

① 周永艳,王水,柏立森,等. 浅谈江苏省生态文明建设工作 [J]. 污染防治技术,2014 (5):70-72.

第十三章　上海市生态文明建设

上海是长江的最末端，也是长江生态保护的末梢，长江受到污染，上海是首当其冲的"受害者"，长江生态环境得到改善，上海也是直接的受益者。作为长江经济带上最发达、资源配置能力最强的国际化大都市，上海要发挥区位独特优势，成为生态保护、流域绿色发展的推动者和贡献者。

第一节 上海市生态资源概况

1. 岛屿资源

上海是长江三角洲冲积平原的一部分，平均高度为海拔4米左右。西部有天马山、薛山、凤凰山等残丘，天马山为上海陆上最高点，海拔高度99.8米，立有石碑"佘山之巅"。上海拥有9000多平方千米的海域面积，大陆岸线211千米。岛屿资源较丰富，除了崇明、长兴和横沙等3个有居民岛屿外，长江口和近海区域还有0米线以上的无居民岛屿（沙洲）21个，岛屿岸线总长577千米。其中，崇明岛为中国第三大岛。

2. 水文资源

上海市地处长江入海口、太湖流域东缘。境内河道（湖泊）面积的500为平方千米，河面积率为9%~10%；上海市河道长度2万余千米，河网密度平均每平方千米3~4千米。境内江、河、湖、塘相间，水网交织，主要水域和河道有长江口、黄浦江及其支流吴淞江（苏州河）、蕰藻浜、川杨河、淀浦河、大治河、斜塘、圆泄泾、大泖港、太浦河、拦路港，以及金汇港、油墩港等。其中黄浦江干流全长80余千米，河宽大都在300~700米之间，其上游在松江区米市渡处承接太湖、阳澄淀泖地区和杭嘉湖平原来水，贯穿上海至吴淞口汇入长江口。吴淞江发源于太湖瓜泾口，在市区外白渡桥附近汇入黄浦江，全长约125千米，其中上海境内约54千米，俗称苏州河，为黄浦江主要支流。上海的湖泊集中在与苏、浙交界的西部洼地，最大的湖泊为淀山湖，面积为60余平方千米。

3. 矿产资源

上海境内缺乏金属矿产资源，建筑石料也很稀少，陆上的能源矿产同样匮乏。20世纪70年代以来开始在近海寻找油气资源，在多口钻井中获得工业原油和天然气。据初步估算，东海大陆架油气资源储量约有60亿吨，是中国近海海域最大的含油气盆地。附近的南黄海，经过调查和勘探，也发现油气资源，估算有2.9亿吨储量。东海海水中化学资源丰富，在长江口浅海底下，还发现一些矿物异常区，有锆石、钛铁砂、石榴石、金红石等重要矿物。

4. 生物资源

上海市境内天然植被残剩不多，绝大部分是人工栽培作物和林木。天然的木本植物群落，仅分布于大金山岛和佘山等局部地区，天然草本植物群落分布在沙洲、滩地和港汊。栽培的农作物共有100多个种类，近万个品种。蔬菜多达400多种，居全国之冠，瓜果和观赏花卉品种也很多。动物资源主要是畜禽品种，野生动物种类已十分稀少。水产资源丰富，共有鱼类177属226种，其中淡水鱼171种，海水鱼55种。

5. 旅游资源

上海是中国近代史的缩影，是中国最大的经济中心城市之一，正在向国际化大都市迈进。上海正在大力发展以"都市风光""都市文化""都市商业"为主要内容的都市旅游，并逐步形成了三个重要的旅游圈，即以人民广场和浦江两岸为中心的城市观光、商务、购物旅游圈；以公共活动中心和社区为主的环城都市文化旅游圈以及以佘山、淀山湖、深水港、崇明岛等为重点的远郊休闲度假旅游圈。

可见，上海的自然生态资源与长江流域其他市区相比，并不丰富，生态资源较为紧张，生态建设任务重。

第二节　上海市生态文明建设现状

一、上海市生态文明建设举措

上海市历届市委、市政府高度重视生态文明建设和环保工作。特别是2000年以来，上海市把环境保护放在城市经济社会发展全局的重要战略位置，在全国率先建立环境保护和建设综合协调推进机制，滚动实施了五轮环保三年行动计划。

在大气方面，持续推动燃煤污染治理，累计完成9000多台燃煤锅炉清洁能源替代，全市18家燃煤电厂实现脱硫、脱硝和高效除尘全覆盖，初步实现燃煤消耗负增长。如杨浦区在大气治理方面，紧扣扬尘污染源类型广、数量多、规模大的特点，大力推进扬尘防治的工程减排、制度建设和严格执法，区域降尘由2006年的14.3吨/（平方千米·月）下降到2014年的5.3吨/（平方千米·月）。

在水方面，2014年全市城镇污水处理能力比1999年增长了7.9倍，污水处理率从40.5%提高到89%以上。建成青草沙水源地工程，基本形成"两江并举、多元互补"的水源地格局。如长宁区以环保三年行动计划实施为契机，在2004—2010年，完成807个污染源的截污纳管工作，新建污水管22 550米，累计生物修复整治河道32条段，开展引清调水工作，完成新泾港等26条河道底泥疏浚，部分河道已呈现"面清、岸洁、有绿"的可喜现象。

在绿化方面，根据上海市绿化市容管理局提供的最新统计数据，上海森林覆盖率已从最初的3%增加到14.04%；占整座城市38.18%面积的湿地，也得到有效的保护。特别是2001年，上海启动《上海城市森林规划》编制；2003年11月，市政府批准实施《上海城市森林规划》，这对整个城市生态系统的构建起到了巨大的推动作用。目前，全市基本形成了以中心城区绿化为主体、郊区新城绿化为补充、生态林地和防护林地为外围支撑的"环、楔、廊、园、林"生态环境格局，全市生态安全不断巩固，生态功能明显提升。上海注重城市森林布局的均衡性、功能多样性，推动了水源涵养林、沿海防护林、通道防护林、污染隔离林、大型生态片林等生态公益林建设。确定了包括淀山湖湖区湿地保护区、黄浦江上游水源涵养区、佘山国家森林公园区、海岸带风景区、横沙岛生态岛区、岛屿湿地保护区、金山三岛自然保护区和外环线外侧核心林建设区及新城、中心城镇环城林带在内的生态敏感区。同时，上海逐步完善城市森林长效管理机制。2008年起，林木绿化率指标纳入市委对各区县党政领导班子和领导干部绩效考核内容；2012年起，市政府与区县政府签订保护和发展森林目标责任制。全市建立林业养护社加强对林地林木的管理。

农业和农村环境综合整治方面，开展村庄改造；化肥农药施用总量逐年下降，畜禽粪尿综合治理取得积极进展；主要农作物秸秆综合利用率超过90%。

实施产业结构调整促节能减排。上海近年来持续通过结构调整、产业转型来给生态环境"减负"。2011—2015年，上海聚焦钢铁、石化、建材等八大重点行业进行关停并转、升级重组，占全部调整项目数量的70%以上。

全社会对环境保护的投入不断加大。前五轮环保三年行动计划全市环保投入，占生产总值的比重始终保持在3%左右，资金投入3200亿元。第六轮环保三年行动计划资金投入更大，预计总投入约1000亿元。

总体来讲，上海环境质量有了一定的改善。2016年，上海市深入实施第六轮环保三年行动计划以及大气、水等专项治理计划和区域生态环境综合治理，持续完善环境保护法制机制建设，加快解决与民生密切相关的环境问题，全面完成国家和本市明确的各项环保目标任务，主要污染物排放总量持续下降。全市地表水环境质量总体较2015年有所改善。主要河流断面水环境目标达标率为63.3%，同比上升26.6个百分点。其中水质达到Ⅱ～Ⅲ类的占16.2%，Ⅳ～Ⅴ类占49.8%，劣Ⅴ类占34.0%，主要污染指标为氨氮和总磷。与2015年相比，全市主要河流劣Ⅴ类断面比例下降了22.4个百分点，氨氮、总磷平均浓度分别下降了23.0%和20.8%。本市近年来不断加大截污治污力度，地表水环境质量持续改善，但氮磷仍为影响本市水环境质量状况的主要污染指标。2016年，上海市环境空气质量指数

（AQI）优良率为75.4%，较2015年上升了4.7个百分点，重度污染天数较2015年减少6天，环境空气质量总体向好，改善明显，但臭氧污染问题日益突出。

二、上海市生态文明建设面临的挑战

首先，全市环保投入与快速的城镇经济发展带来的环境污染治理需求相比仍存在一定差距。上海环保投入以近8%的年均增速增长，但环境保护投资相当于上海市生产总值比重却有所下降。而人口急速扩张带来的问题则更加凸显。至2012年末，COD（化学需氧量）排放强度为1.2千克/万元，目标实现程度仅为28.3%，占排放总量超过七成的城镇生活污水在人口急速膨胀的压力下减排难度不断加大。

其次，农业生态保护任务艰巨，快速城镇化发展与耕地之间的矛盾凸显。截至2012年末，上海市农业用地总量已不到400万亩，从2010年开始呈下降态势。同时，人口集聚对区域资源环境带来巨大压力。作为拥有近2400万常住人口的特大型城市，人口的急速扩张和城镇化进程的加快，将带来土地资源紧张、污染防治难度加大等一系列问题。举例来说，占排放总量超过七成的城镇生活污水在人口增长的压力下减排难度不断加大。同时，部分农业生产者掠夺式经营对耕地的保护和秸秆综合利用等方面带来不良影响。[①]

再次，环境问题的结构性矛盾日益突出，工业结构调整缓慢，多煤少气的能源结构仍待优化，可再生能源占比更是仍不足1%。

同时，资源节约和环境保护与生态文明的建设还存在差距，水资源、空间资源、土地资源、生态安全供应等偏紧；违规排放污染处罚力度低，限改令变为保护令，环保部门所得与处罚收益直接相关，从源头控制但缺乏全流程的控制；生态文明建设缺少长远发展规划，生态文明建设制度体系有待逐步完善；生态风险的布局性问题有待解决，大型产业基地集约发展与周边区域缺乏规划、协调与统筹，部分工业园区与周边区域功能不协调。

[①]龚骊.上海市生态文明建设成效与问题分析［J］.统计科学与实践，2014（1）.

第三节　上海市推进长江经济带生态文明建设思路与主要路径

要将上海建设成为我国特大城市建设生态型城市的典范，通过改变生产方式和消费方式，推进可持续发展的体制机制，大力发展循环经济，提高城市管理水平，加强法制环境建设和基层民主建设，推进生态社区建设，提升城镇社区建设和管理水平等措施，形成资源节约型、环境友好型社会、人与自然关系和谐的生态文明城市。同时，上海对长三角地区经济发展有能力和实力反哺环境，要顾全长江生态安全的大局，按照科学发展的要求，处理好发展和保护的关系，避免产业转移带来污染转移，加重其他地区的污染。

一、调整淘汰低效落后产能

1. 完善产业准入管理体系

上海市要按照更高的节能环保要求，制定实施严于国家要求的产业准入标准和名录，结合土地集约化利用和环评、能评管理，落实产业环境准入的协同管理。禁止新建钢铁、建材、焦化、有色等行业的高污染项目，严格控制石化、化工等项目，严格控制劳动密集型一般制造业新增产能项目。加强常态管理和监督检查，坚决停建或依法取缔产能严重过剩行业违规建设项目，全面清理整顿违反环评制度和"三同时"制度的建设项目。进一步加大建设项目主要污染物总量控制力度，严格实施火电、钢铁、石化、水泥、有色、化工等行业大气污染物特别排放限值。

2. 加快产业转型升级

推进重点行业企业结构调整。推进上海市部分行业生产工艺、装备、产品指导目录中涉及的化工、钢铁、建材、纺织、轻工等12个行业的淘汰类企业（生产线）淘汰。强化结构调整的针对性和操作性，加快不符合能耗、环保、安全等硬约束标准及低效用地工业企业的调整。推动重点区域布局调整和环境整治。加快重点区域调整转型和环境整治，继续推进高化、桃浦、南大、吴淞等重点区域调整转型，继续推进金山卫化工集中区环境综合整治，启动青东农场等地区的环境综合整治。结合"198"区域土地整治和郊野公园建设等年度安排，加快推进村镇污染小企业成片清拆整治。结合"195"区域转型提升和"104"产业区块调整升级，分类推进区域污染企业调整。

3. 持续推进清洁生产和治理改造

继续推进重点行业清洁生产审核。以"聚焦行业、突出重点"为主线，编制并实施《上海市重点行业清洁生产推行方案》，积极推进钢铁、水泥、化工、石化、有色金属冶炼等五大重点行业开展清洁生产审核，继续推进其他重点企业清洁生产审核工作。重点推进清洁生产技术改造。贯彻《上海市大气污染防治重点行业清洁生产技术导向目录》，针对节能减排关键领域和薄弱环节，采用先进适用的技术、工艺和装备，实施清洁生产技术改造。研究加大清洁生产技术改造的财政支持力度。

4. 完善园区环境管理体系和基础设施建设

完善工业园区废水收集治理设施，严格实施雨污分流，实现初期雨水收集处理。鼓励有条件的工业区实施集中供热，建设绿化隔离带、环境质量监控系统、应急响应系统，以及工业固体废物收集、处置体系。

二、加强农业与农村环境保护

以美丽乡村建设和现代化绿色农业发展为抓手，加快转变农业生产方式，推动城乡一体化发展和环境公共服务均等化。

1. 推进养殖污染综合治理

贯彻落实《畜禽规模养殖污染防治条例》，结合上海市农业发展总体规划，编制实施畜禽规模养殖布局规划，削减养殖量，优化养殖布局。实施规模化畜禽场污染减排治理，继续推进生态还田、沼气工程，实施规模化畜禽养殖场雨污分流、干粪收集处理、尿污水发酵处理等污染治理和资源化利用工程。加强不规范畜禽养殖场整治，按照减量提质的原则，对布局不合理、防疫不达标、环保不配套的不规范中小畜禽养殖场（户），加大整治淘汰力度。启动畜禽养殖业排污许可证制度试点工作。

2. 加强农业面源污染防治

实施化肥农药减施工程。按照"源头防控、过程拦截、末端处理"的原则，推进化肥农药减施、节水节肥等种植业农业面源污染防治工作。继续加强农作物病虫害预测预报体系建设，推广新型植保机械，推动农作物病虫害统防统治和示范点建设，建立农业主要污染物流失监测基地。在青浦、奉贤、浦东等定点小区开展化肥农药流失定位监测，开展规模化畜禽养殖场粪污监测，为科学治理提供有力的数据支撑。

3. 推进生态循环农业

建设农业废弃物回收处置体系。建立蔬菜废弃物回收资源化利用示范点，结合蔬菜标准园艺场建设，完成蔬菜基地的农业废弃物资源利用设备配套。加强农药包装废弃物回收处置，研究农药包装废弃物回收模式和支持政策，在部分试点区县建立农药包装废弃物回收、转运和处置体系。建设生态循环农业示范点。结合国家现代农业示范区创建、建立生态农业示范点，示范推广种养结合、平衡施肥、农作物病虫绿色防控、农业废弃物循环利用等农业面源污染控制治理技术。推进农作物秸秆全面禁烧与综合利用。推进种植业结构优化调整。加强渔业生态保护。在长江、杭州湾、黄浦江、淀山湖等水域继续开展水体水生生物增殖放流活动。

4. 大力推进美丽乡村建设

以农村村庄改造为重要载体，加快推进美丽乡村建设。聚焦规划保留的农村居民点，加强农村基础设施建设、村容环境整治、公共服务设施配套完善，协同推进村庄改造和农村生活污水治理，切实改善农民生产生活条件，优化农村人居环境。

三、推进绿色低碳循环发展

控制能源消费总量，对高碳能源消费和主要污染物实施总量控制、强度控制，推动重点行业节能控碳，加大节能低碳技术推广应用力度。确保煤炭消费总量明显下降，扩大新能源和可再生能源开发利用，改善能源消费结构，保障能源安全。强化土地集约利用，深化全生命周期管理。

1. 提升废弃物资源回收利用水平

构建多层次的再生资源回收体系。探索再生资源回收与生活垃圾清运体系的"两网协同"，以及"阿拉环保卡"与"绿色账户卡"的"两卡合一"，有条件区域推进再生资源回收设施与市容环卫设施的规划与建设衔接。加快培育再生资源回收主体企业，拓展多元化回收渠道。力争回收体系涵盖废金属、废塑料、废纸、废橡胶、废玻璃、废棉织物、废电器电子产品和节能灯等易污染环境产品八大类，实现电子废弃物回收网络全覆盖，废金属、废塑料、废纸等回收率达到90%以上。推进实施再生资源回收示范工程。实施"阿拉环保卡"和"回收人员管理卡"示范工程，加快浦东、长宁、静安等区试点并逐步推广至全市范围。推进绿色回收进机关、进商场、进社区、进学校、进园区等"五进"工程。落实配套机制，研究"积分制"等经济杠杆促进规范交投。加强再生资源回收从业人员的规范管理，搭建再生资源回收公共服务平台。

2. 大力推进循环经济

推动循环经济产业示范。加快推进上海燕龙基"城市矿产"示范基地、建材资源综合利用示范基地、汽车零部件再制造试点、临港地区国家再制造产业示范基地等项目建设。推进国家循环经济教育示范基地建设，建成集对外教育、参观、展示等功能为一体的教育示范基地。建成浦东、闵行的餐厨垃圾资源化利用及无害化处理项目，推进废弃塑料再生与循环化利用、脱硫石膏粉刷保温砂浆、建筑废弃混凝土综合回收利用等项目。支持鼓励技术先进、环保达标、资源回收率高的资源利用企业发展，提升本市各类资源综合利用水平和能力。

3. 深化发展环保产业

积极推进环境污染第三方治理。出台实施《上海市环境污染第三方治理管理办法（试行）》，加快推进除尘脱硫脱硝、市政污水厂、有机废气治理、电镀废水处理、餐饮油烟整治、扬尘污染控制、污染源在线监测等领域试点，积极探索多种方式的第三方治理模式。拓展绿色信贷平台，完善扶持政策，营造促进第三方治理市场发展的良好环境。强化行业规范化管理，促进行业自律和诚信体系建设，组建第三方环境治理产业联盟。强化诚信体系建设，构建产业征信平台。建成具有较强竞争力的环境污染治理设施建设、运营、咨询、监理、评估等的产业集群。积极扶持环保产业发展。结合本市增值税改革试点，落实环保服务企业纳入改革试点范围。修订节能产品和环境标志产品政府采购清单，加大政府采购力度。研究出台合同环境服务项目扶持办法，鼓励信用担保机构加大对节能环保企业的支持力度，完善环保产业投融资体系。鼓励环保行业创新发展，推进垃圾焚烧炉排及其自控系统总装基地、生物质泵送设备及液压抓斗制造等产业项目，逐步推动环境监测服务规范化、市场化。[1]

四、大力建设和整治生态环境，提高环保能力建设水平

1. 建立与完善生态红线制度

按照"应保尽保、总量拓展"的要求，科学合理划定生态红线，出台生态红线管理办法，落实分类分级管控，实施生态红线考核制度，研究完善与生态红线制度相匹配的生态补偿机制。

---

[1]参考《上海市2015—2017年环境保护和建设三年行动计划》。

2. 加强水环境治理

加大河道综合整治力度。以郊区和城郊结合部、新城周边、骨干道路周边、郊野公园区域等为重点，聚焦污染相对严重的河道，截污纳管，点面结合，重在拔点，打通断头水系，科学调水，全面实施水污染防治行动计划。加大水源地建设保护力度，完成黄浦江上游太浦河金泽水源湖工程、连通管工程（含闵奉原水支线）和青浦、金山、松江原水支线工程，建成陈行水源地嘉定原水支线工程，完成崇明镇级水厂关停退出，全市全面实现供水集约化。提升污水处理设施水平，加快推进全市城镇污水处理厂提标改造和新建、扩建工程，新建污水处理厂、黄浦江上游准水源保护区和杭州湾现有污水处理厂全面执行《城镇污水处理厂污染物排放标准》（GB 18918—2002）的一级A标准，其他执行一级B及以上标准。加强近岸海域污染防治，加强长江口、杭州湾入海污染物排放管理，推进黄浦江入海污染物总量控制试点，强化近岸海域污染防治与生态保护。

3. 加强大气环境治理

以控制$PM_{2.5}$为首要任务，立足长三角区域大气污染联防联控，深化实施清洁空气行动计划。深化燃煤污染控制，完成锅炉、窑炉清洁能源替代，提升燃煤、燃气设施污染治理水平。加强工业源挥发性有机物治理，深化重点企业挥发性有机物（VOCs）综合治理。上海石化、高桥石化、上海化工区、华谊集团、金山二工区等重点化工企业全面推行挥发性有机物泄漏检测与修复（LDAR），落实开停工维检修期间的VOCs控制措施。在此基础上，实施VOCs综合治理。宝钢集团实施VOCs综合治理。推进汽车涂装、船舶涂装、涂料生产、印刷等行业VOCs废气达标排放治理。大力推广新能源汽车，在公交、环卫、出租车等行业和政府机关，率先推广使用清洁能源和新能源汽车。实施更严格的新车排放标准和油品标准。加快绿色港口建设。积极推动船舶使用"岸电"，完成吴淞国际邮轮码头、洋山冠东集装箱码头等岸基供电试点，推进本市内河码头岸基供电标准化建设。推进港口作业船舶统一使用低硫油，加快黄浦江、苏州河游船新能源试点。

在具备条件的码头全面推进港口轮胎式集装箱龙门吊等装卸设备"油改电""油改气"工作。强化船舶和非道路移动机械大气污染控制。加强船舶大气污染防治和区域联动，继续推进内河船型标准化工作，淘汰高污染老旧船舶，推进船龄在15～30年的货船和船龄在10～25年的客船提前报废更新。开展非道路移动机械及其污染情况的基础调查，建立分类登记管理制度，研究启动高污染非道路移动机械污染治理和淘汰更新工作。规范船舶和非道路移动机械油品管理，加强油品质量监督检查。深化扬尘污染防治力度，推进社会生活源包括油气回收、汽修和干洗行业、餐饮油烟气等方面的整治。

4.开展土壤污染治理修复

以加强农业土壤保护和工业场地监管为重点，强化土壤环境监测和风险评估，加快构建资源整合、权责明确、信息共享的土壤环境管理体系，推进污染土壤修复治理试点。

5.推进绿地林地建设

推进闸北彭越浦、闸北浙北、长宁中新泾、长宁临空1号、浦东张家浜、浦东周康航等结构性绿地建设。加快推进宝山慈沟、杨树沟和浦东川杨河、普陀中央公园、崇明宝岛路等绿化工程。结合土地整治和美丽乡村建设，以铁路、骨干公路、河道两侧、工业区周边和"198"区域复垦土地为重点，加大生态廊道、农田林网等建设力度。加快城乡绿化生态建设，以生态保育区、生态廊道、防护林带、楔形绿地和大型公园建设为重点，构建基本生态网络体系，稳步提升中心城区绿化生态功能，加大郊区增绿造林力度，建设好郊野公园，为广大市民提供更多休闲游憩的好去处。加强自然生态保护。推进野生动植物保护，完成24平方千米东滩互花米草生态控制与鸟类栖息地优化工程，嘉定区浏岛野生动物重要栖息地建设和崇明县明珠湖公园獐极小种群恢复项目。继续推进崇明生态岛建设。集约节约利用海域海岛资源，按照世界级生态岛建设要求，加快崇明生态环境基础设施建设，设立全市最高的产业发展绿色门槛，重点生态功能区实行产业准入负面清单。

6.加大科技支撑力度

以推进大气、水、土壤等污染防治为重点，加强环境科技支撑力度。推进主要大气污染物排放核算、臭氧和$PM_{2.5}$的污染成因与控制对策、重污染天气预报应急、饮用水源地突发污染事故应急响应决策、泵站放江污染控制、辐射环境航测和无人机应急应用、电磁辐射污染源在线监测等一批前瞻性和应用性重点项目的研究。继续推进环境保护部复合型大气污染研究重点实验室和城市土壤污染防治工程技术中心建设。

7.提升环保能力建设

以资源整合、水平提升为目标，继续加强环境监测、应急和信息化能力建设。完善全市环境监测网络布局，基本形成功能完备的大气环境监测网络，加强全市和重点区域大气污染应急监测和应急响应能力，完成长三角区域空气质量预测预报系统建设；构建多部门共建共享的上海市地表水环境预警监测与评估体系，以黄浦江上游以及长江口水源地、省界断面和区县断面为重点，完善自动监测站点布设，实现水质、水文数据实时共享；整合完善土壤（地下水）环境监测网络；建成覆盖全市各类功能区的声环境自动监测网络；完善辐射应急及在线监测网络，构建核与辐射应急监测调度平台，提升辐射预警监测和应急能力；完善重点污染源在线监测设施的建设和运行维护机制，加强信息共享和数据应用，污染源在线监测体系基本覆盖国家、市、区县三级重点监管企业。以信息化为统领，加快整合环境质量和污染源管理信息，强化对环境监管的智能化支持。

五、实施大城市的精细化管养

生态资源需要科学化、精细化管养，上海要秉持"建管并举，重在管理"理念，对接上海建设具有全球影响力的科技创新中心，不断提升城市软实力。大城市的精细化管养特色主要体现在四个方面。一是积极推进"互联网+"与生态建设的融合创新，探索云计算、大数据、物联网等创新2.0时代下的信息技术转化应用。建设生态空间资源大数据平台，健全完善林业三防体系、病虫害检测防控等体系，提升精细化管养水平；拓展微博、微信、移动App等互联网互动资源，撬动公众参与杠杆，激发社会活力；鼓励发展生态产业电子商务、云服务，林产品物联网管理等新业态、新模式，促进生态产业与互联网加速融合。二是落实《上海市绿化条例》《上海市公园管理条例》《上海市古树名木和古树后续资源保护条例》《上海市森林管理规定》等一批绿化管理、绿地建设、森林管理、野生动植物保护等地方性法规和政府规章，并根据发展需要逐步修订完善。三是政府主导、社会参与，激发绿化活力。完善公益林生态补偿机制、绿化城市维护资金投入等政策，在连续四轮实施林业三年发展计划的基础上，研究林地和大绿地建设政策扶持机制，确保了生态环境建设的可持续性。同时，基于绿色化，充分发挥生态文化协会等社会组织的平台功能，开展市民绿化节等活动，采取各种措施，激发社会参与绿化建设的积极性。四是加大科技创新力度，积极整合科研资源，完善各类技术规程和标准规范，提高管养能力。比如在立体绿化成套建设、盐碱地植树造林、新优品种引进和种植等方面进一步提升技术水平。同时，继续开展林荫道创建、老公园改造、林地抚育等，提升上海的绿色环境水平。[1]

六、完善环保体制机制

1. 深化机制体制改革

按照"条块结合，以块为主、社会参与"的原则，进一步完善市、区县两级环境保护和建设协调推进机制，强化专项工作组组长单位牵头制、责任单位负责制，完善市民参与决策和监督机制，加快形成政府、企业、市民合力推进的全社会环境保护体系。研究制定生态文明建设评价指标体系，完善环境保护绩效考核办法。完善以排污许可和信息化为核心的污染源监管制度，研究将总氮、总磷、重金属等纳入总量控制体系，推进各级重点污染源排污许可证及污水处理厂排污

---

①佚名. 森林，让城市和我们更美好［N］. 解放日报，2015-05-26（8）.

许可证核发。继续完善长三角区域环境协作机制，以大气、水等为重点，强化联防联控。

2. 大力推进环境法制建设

按照法定程序启动《上海市环境保护条例》修订和土壤环境保护相关地方立法工作，研究制定工业固废环境管理办法。进一步完善地方环境标准体系，出台行业性挥发性有机物、饮食业油烟、机动车排气遥测、涉一类污染物废水排放等地方标准，研究制定上海市在用内河船舶尾气排放地方标准，加快形成地方性土壤环境保护标准体系；配合VOCs核算、LDAR技术推广、工业VOCs污染防治、建筑工地扬尘在线监测、码头堆场和商品混凝土搅拌站扬尘污染控制、绿色施工等工作，制定发布相关的技术规范。加强环境执法。推动环境执法力量向基层、向郊区和城乡结合部倾斜，强化环保专业执法和城市管理综合执法的联动，构建环境监管的网格化管理体系。进一步强化市、区县执法联动和环保、水务、交通、海事、公安、质监等多部门联合执法，做好行政执法与刑事司法衔接。

3. 加强政策支持保障

完善环境价格机制，逐步提高排污收费标准，研究VOCs排污费征收方案，完善中小医疗机构医废收运模式和费制。建立有利于落实污染防治责任和促进污染治理产业发展的投融资政策，研究土壤修复资金投入机制，推进环境污染责任保险。强化对污染治理和资源综合利用的政策支持，研究制定工业VOCs总量减排治理试点、码头"岸电"试点、农药包装废弃物回收、废旧物资收运处理、低价值再生资源回收、小型电子废弃物回收等激励政策，完善清洁生产审核补贴、产业结构调整资金扶持、生态建设和生态补偿等政策机制。①

---

① 参考《上海市2015—2017年环境保护和建设三年行动计划》。

第十四章　实施长江经济带生态协同治理

　　长江经济带九省二市横跨我国东、中、西部，面积广，主干流既流经经济发达的长三角，也流经经济欠发达的中西部省份；既流经国土空间中的优化开发区域、重点开发区域，也流经重要的水源涵养生态功能区、农产品主产区。发展的差异和长江经济带生态环境保护的需求，要求我们要运用系统论的方法，正确把握自身发展和协同发展的关系。长江经济带的各个地区、每个城市在各自发展过程中一定要从整体出发，树立"一盘棋"思想，实现错位发展、协调发展、有机融合，形成整体合力。在生态建设方面要求我们在坚持流域"生态共同体"共建共享的理念下，实施生态协同治理。

第一节　流域治理特性问题

流域作为一种独特的自然资源，是以河流为中心、由分水线包围的区域，是从源头到河口的完整、独立、整体性极强的一个自然区域。流域的自然属性突破了传统的行政区划与边界，涉及流域范围内上下游、左右岸的政策互动以及利益协调，也跨越了多个职能部门和行政层级，利益相关者的关联程度较高，是跨域治理问题的典型代表。

第一，具有跨越边界的外部性。流域是按照自然区域界定的，但其管理往往是由具有特定边界区划或职能界定的组织或政府机构承担，二者的范围并不一致。

第二，具有不可分割的公共性。流域问题的治理不可避免地在各行政区域之间、部门之间以及各治理主体之间产生利益冲突，无法单凭某一政府部门或公私组织之力所能完成。

第三，具有政治性。受传统科层体系的影响，针对流域公共问题中的部门和地区管理权限、利益分配等，主要依靠政府的等级权威来进行，自上而下地逐级往下推进。即便在网络化治理盛行的时代里，中央的"权威"地位依然不可撼动，无论是基于对共同利益的追求，或是为了避免共同性灾难，都需要具备某种政治性的安排。

第四，具有层次性。我国流域治理的范围可划分为宏观、中观、微观三个层次。宏观层次的流域是跨越若干省级行政单位的大江、大河，中观层次的流域是指跨市不跨省的区域范围，微观层次的流域是指同一个城市行政区域内的城市河道。流域的这些特性，决定了流域治理过程要涉及不同区域、不同层级行政单位、不同利益主体。流域治理是以政府为主体，通过一些复杂的机制、过程、关系和制度对流域涉水公共事务进行综合管理，以实现流域福利的最大化。

第五，流域治理具有多重目标。流域是由自然、经济和社会组成的具有因果联系的复合生态系统。从自然的角度看，作为具有明显边界范围的集水区域，要求流域治理过程中注重合理开发水利资源，保护水质，防治污染等；从经济的角度看，流域治理承担着国家水资源综合开发的重要任务，需要在生态治理的基础上，协调上下游之间、干支流之间、不同行政区之间的经济发展；从社会的角度看，强调以水资源为纽带把不同产业、不同区域、不同群体联系成一个整体，重视从全流域整体管理、重视公众参与、重视社会稳定等方面来管理流域。

第六，流域治理具有多个主体。关于水资源的开发利用，水利部门有水资源综合规划及江河流域综合规划，国土规划部门有水源规划，交通部门有航道港口的规划等。关于水的保护，水利部门有水资源保护规划，环保部门有环境保护规划和水污染防治规划、自然保护区规划，林业部门有湿地保护规划，海洋渔业部门有涉及河口区域的渔业保护规划。关于节约用水，水利部门有节水规划，建设部门有城镇居民用水节水规划或方案，经贸部门有企业节水技改规划或方案，等等。[①]

第二节　流域生态治理的困难

流域的特性决定了长江流域生态治理的困难，体现在以下几个方面。

一、公共资源成为"公地悲剧"

流域无疑是一种重要的公共资源，牵涉面广，在客观上要求各利益相关主体参与到治理中，然而公共资源边界的模糊性直接导致了协同治理的难度。流域协同治理必须是集体行动型。根据奥斯特罗姆的论述，清晰界定边界是集体行动制

---

①王佃利，史越. 跨域治理视角下的中国式流域治理［J］. 新视野，2013（5）：51-54.

度设计的第一条原则，即公共池塘资源本身的边界必须明确，有权从公共池塘资源中提取一定资源单位的个人或家庭也必须明确。这主要源自对资源本身非排他性和外部性的考虑。长江江流域流经9省2市，水资源的流动性与开放性使其难以在各大区之间明确划分，上游对水的污染必然影响下游水质，而上游对水污染的治理与水环境的改善必然有利于下游的水质，但是这时下游对上游保护环境的得益并没有支付相应成本。因此要在各省市之间清晰界定边界是不现实的。这对长江流域统一治理提出了要求，也造成了统一治理中不协调的困境，使长江流域治理成为"公地悲剧"。

二、治理主体协同治理欠缺

各地方政府，政府内部环保、水利、航运等部门，以及沿江企业和民众等均是长江流域治理的利益相关者，理应是共同的治理主体。然而，政府、企业、公民均以各自的理念和行为方式来应对长江污染及其治理。从网格—团体文化理论来说，政府整体架构上是等级主义，但是具体到各主体又体现为个人主义，欠缺必要的协调；政府内部各部门之间也存在着不协调的因素，在业绩和财政上相互竞争。企业的个人主义思想更加明显，为各自利益对治理产生抵触，甚至存在着抱团抵制政府强压的可能性。公民在污染明显威胁到自身利益时会团结合作，采取上访等行为，但是在治理过程中不一定能够团结起来抵制污染进一步恶化，甚至在日常生活中自己制造的生活污水也成为流域污染的来源之一。这些不利因素使各行为主体难以团结一致，制约了协同治理。[①]

三、管理体制多头管理、职责交叉

统一管理是协同治理的应有之义，也是保障政策上行下效的重要原则。水的自然流域统一性和水的多功能统一性，客观上要求按流域实行统一治理。推动长

---

①刘春湘，李乐. 湘江流域协同治理缺失分析与因应之策［J］. 湖南师范大学社会科学学报，
　2014（3）：80-84.

江经济带发展，需要促进要素在区域之间流动，增强发展统筹度和整体性、协调性、可持续性，提高要素配置效率；加强领导、统筹规划、整体推动，提升发展的质量和效益。

目前，长江流域能够管长江的部门有十几个，沿江有几十个政府，管理体制机制上条块分割、部门分割依然存在，流域治理手段缺乏，水资源市场化配置和公众参与机制等还需要大力培植，流域综合治理技术支撑还比较薄弱。《中华人民共和国水法》规定国务院行政主管部门在国家确定的重要江河、湖泊设立流域管理机构。长江水利委员会（简称"长江委"）作为水利部派出的流域管理机构，在承担长江流域生态环境保护方面发挥了积极的作用。但是行政上的分属性和流域上的管理统一性之间存在着一定的矛盾，流域管理往往处于辅助地位，尤其表现在跨行政区水污染问题。同时，在水污染管控上面，环保部和水利部职责也不一样，环保部门主要负责水质的管理，而水利部门主要负责水量的管理，两部门不能很好地协调。所以长江流域必须要有一个强力的机构来管理。

 第三节 协同治理：流域生态治理新模式

环境是一项特殊的公共物品，其和各行各业的生产活动以及每个公民的日常活动紧密相连。治理环境污染可以说是"牵一发而动全身"，而环境污染的特殊性，要求我们创新环境污染的治理方式。如，空气这一环境要素具有特殊属性，它可以自由流动，没有地域和国界限制，没有贫富阶层区分，排污主体最后肯定要"自食其果"，"飞去来器效应"在这里得以淋漓尽致地体现。基于此，跨地区、跨流域的环境协同治理显得尤为必要。

西方学者们在协同治理相关领域的研究开展得很早。近30年来，为了应对社会问题日益复杂和政府资金短缺所带来的挑战，政府、企业、非政府组织、公民之间跨部门互动的相关实践在各国有了非常普遍的应用，西方理论界随之进行了大量的相关研究。虽然这其中出现了很多相似概念，但最终逐渐倾向于使用"协同治理"（collaborative governance）这一概念来指代这种跨部门协同合作的现象。协同治理的提出离不开协同学的发展。协同学（synergetic）一词是德国物理学家哈肯教授从希腊语中引入的，意思是"合作的科学，意指系内部各子系统间通过非线性相互作用和协调，在一定条件下，能自发地产生时间、空间或功能上稳定有序结构，从而实现从无序向有序的转变"。协同学在实践上的指导意义是：制定一定的规则，以一定的参数进行调节，然后让子系统相互作用，产生序参量运动模式，从而推动整个系统演化，是非线性、自组织的最好管理方式。以协同学理论为基础，流域跨界污染协同治理是指社会多元治理主体（包括政府、非政府组织、企业等组织）通过对流域跨界污染系统各要素的分析，以实现流域跨界污染治理系统之间相互合作和以善治为目标的合作化行为，它不是治理系统各子要素的简单相加，而是如恩格斯在《反杜林论》中所指出的那样："许多人协作，许多力量融合为一个总的力量，用马克思的话来说就是造成'新的力量'，这种力量和它的一个个力量的总和有本质的差别。"因此，在现实的政治生态环境中，各方力量只有通过协同合作才能产生"共震效应"，发挥"整体大于部分之和"的治理功效。①

协同治理突破了传统政府单一治理的限制，是有效弥补政府和市场失灵的全新公共管理理念，对于当前生态文明建设具有其独到的价值。

第一，生态文明协同治理具有主体优势。协同治理在于通过合理的参与、良性互动、积极回应等变革，促成治理主体之间的平等合作，实现公共利益最大化的追求。生态文明协同治理模式企业、非政府组织、公民个人等生态文明建设的利益相关者都可能成为生态文明建设的治理主体。生态文明政府协同治理体现出来的主体优势，使生态文明建设的决策主体、执行主体、监督主体范围得到扩

①李胜，王小艳. 流域跨界污染协同治理：理论逻辑与政策取向［J］. 福建行政学院学报，2012（3）：84-88.

大，增强了生态文明建设决策的合法性、执行的有效性和监督的及时性。

第二，生态文明协同治理具有信息优势。生态文明协同治理，通过网络状的治理结构，多中心的权力运行方式，打破了政府主导治理模式下政府垄断信息、信息传播缓慢和信息失真等现象。开放的治理网络，使多元治理主体及时有效地掌握相关的治理信息，从而为生态文明建设的科学决策奠定了基础，也有利于社会公众对生态环境破坏行为进行制止和阻断。

第三，生态文明协同治理具有成本优势。生态文明协同治理实现生态公共利益最大化的目标是建立在多元主体的相互信任、彼此合作和利他行为等社会资本基础之上的，与政府强制型治理和产权与市场制度安排相比较而言，具有较低的运行成本。多元主体对于生态环境的治理与保护是自觉、自愿的，参与治理行动不以直接的经济利益为诉求，因此，生态环境保护与监控行为多是无偿的，节约了生态保护的人力和财力成本。同时，允许其他主体对生态文明建设进行投资，扩大了资金渠道和来源，减轻了政府与国家的治理成本。

第四，生态文明协同治理具有效率优势。生态文明协同治理是建立在多元主体互信、平等、协商基础上的，多元主体对于生态文明建设的价值共识，在行动过程中表现出合作、协调，减少了组织中的内耗，提升了治理效率。多元主体的积极参与和及时的信息沟通，提高生态文明建设的效果。生态文明政府协同治理，通过自主治理机制使生态文明建设由"末端治理"转向"源头治理"，大大地提高了生态文明建设的效率。[①]

当然生态协同治理不是一朝一夕可以形成的，存在很多的困难。如由于政府职能转变尚未完全到位，政府许多应该让渡的权力还没有让渡，应该放手的领域仍然还在干预，压抑了多元主体的参与热情，导致非政府组织功能不健全。另外，政企不分、政社不分的传统依然存在，这就抑制了中国公民社会的发展，减缓中国多元协同治理的进程。片面追求利润为目标的企业社会责任缺失，片面追

---

①陶国根. 协同治理：推进生态文明建设的路径选择［J］. 中国发展观察，2014（2）：30-32.

求利润，无视环境，垄断、恶性竞争、粗放型扩张导致资源浪费大量存在。公众的公共精神还很缺乏，生态观念不强等等，导致实现生态协同治理的目标难度较大。

第四节　实现长江经济带生态协同治理的途径

实现长江经济带生态协同治理，各省要统一共识；要加强协同治理的顶层设计；要建立跨区域联防联动机制。《中共中央关于全面深化改革若干重大问题的决定》指出，要改革生态环境保护管理体制，建立污染防治区域联动机制；深化行政执法体制改革，整合执法主体，相对集中执法权，推进综合执法，着力解决权责交叉、多头执法问题，建立权责统一、权威高效的行政执法体制，等等。

一、携手培育生态文明协同治理的价值共识

观念和价值是先导，成功的治理离不开科学的观念变革和价值共识。构建生态文明协同治理模式，需要治理主体之间对于生态文明建设有较高的价值认同，即多元主体对生态文明建设的重要性、紧迫性达成普遍共识。只有在价值共识的基础上，才能真正培育成员间的信任关系以及成员与集体之间的信任关系，最终实现互利互惠的合作。长江经济带各级政府部门、企业、公众要达成共识，全力维护长江生态文明生态环境安全。

一是不断加大长江经济带生态环境保护宣传力度，努力发挥主流媒体作用，强化媒体环保宣传义务，加强舆论监督。开辟长江经济带生态文明和环境保护栏目，加大生态文明和环境保护公益宣传力度。积极开展长江经济带生态文化研究，鼓励创作一批展示生态文明建设成果的文艺作品，积极发展各省特色生态文化产业。将环境意识和生态文明教育纳入沿江各省国民教育体系和中小学教育课

程体系，纳入干部教育培训。加强科学发展观、生态伦理道德观、环境保护知识的普及和教育，加强对企业、城乡社区等基层群众的教育和科普宣传，提高全民生态文明素养。

二是充分调动公民、法人和社会组织构建生态长江的积极性。坚持"政府主导、市场引导、公众参与、社会共治"，形成"共抓大保护"、建设生态长江的合力。保障公众的环境知情权、参与权和监督权，对环境敏感、涉及面广以及公众广泛关注的规划和项目环评，应当通过强制听证等方式充分征求意见，建立政府部门与公众、企业有效沟通的环保协调机制。培育壮大环保志愿者队伍，支持和规范民间"湖长""河长"制，引导公众及社会组织依法开展环保活动。支持公民、法人、新闻媒体和其他组织对生态环境保护工作进行监督，完善举报制度，鼓励举报环境违法案件、制止环境违法行为。

三是通过制度建设引导合理消费、理性消费和清洁消费，培育生态消费理论。全面禁止商场、医院等机构提供免费塑料包装，禁止旅馆、酒店、餐馆主动提供一次性碗筷、牙具、拖鞋和洗涤用品。以"节地、节能、节水、节材"为重点，以最少的能源投入、最低的资源消耗和最小的环境干扰，营造安全、健康、舒适的绿色空间，改善人居环境，推动绿色建筑发展。推广城市公共交通和自行车等绿色出行方式。从社会公德、职业道德和家庭美德等不同层面，制定和实施推进生态文明建设的道德规范，使人们更加自觉地保护生态环境。厉行节约，力戒奢侈消费，推动形成全民勤俭节约、绿色低碳、文明健康的生活方式。

四是加强生态文明创建活动。搞好沿江各省全国生态文明建设试点省、试点市、试点县工作，扎实推进生态省市县（市、区）创建活动，广泛开展文明城市、卫生城市、园林城市、环保模范城市创建工作，鼓励各地创建可持续发展实验区。加快创建绿色机关，引导基层单位和城乡居民广泛开展绿色学校、绿色社区、绿色家庭等群众性绿色系列创建活动。加强生态环保志愿者队伍建设，动员党员干部、大中学生以及社会各界积极参与各种形式的环保活动。结合长江经济带保护，积极组织开展"世界环境日""世界地球日""地球一小时""中国水

周""全国土地日""中国植树节"等重要时节的纪念和宣传活动，引导人民群众不断强化生态环保意识。

二、合力完善生态文明制度

着力抓好各省生态文明制度建设，加强制度创新，争取走在全国前列。重点完善体现生态文明要求的法律法规、考评机制，建立自然资源资产产权管理制度和生态补偿机制，建立健全资源市场化机制，健全环境保护管理制度，为全国生态文明建设探索经验、提供借鉴。

1. 建立长江经济带生态安全法律与政策配套系统

深入推进生态长江法治建设。国家已经基本建立起符合国情的生态环境保护法规体系，如环境保护法、水法、森林法、土地法、野生动物保护法、草原法、城市规划法和自然保护区管理条例等一系列法律和行政规章，并制定了相应的配套政策。长江流域各省、市也结合各自的实际情况，针对本地生态环境特点和主要生态环境问题，制定颁布了一系列地方法规和政策，所有这些为保证长江经济带的生态安全提供了法律与政策框架，但是我们也要看到，法律与政策不能适应变化了的形势和人们对生态环境保护的需求，部分法律与政策不配套、不协调。执法不严管理不力等情况不同程度地存在。因此，需要进一步修订、完善各省地方性法规、政府规章和规范性文件，建立有利于长江经济带推进生态文明建设的法规体系。同时，针对目前的环保法律法规大都侧重在某个专门领域，要借鉴国际先进的流域管理法规体系，成立专门的法制政策研究部门，加针对长江经济带水资源保护和污染防治，抓紧研究制定专门的长江流域法规，加强对长江流域的综合管理。要加强长江经济带各省各级党委对"共抓大保护、不搞大开发，实现绿色发展"的领导，大力推进生态长江法治建设。充分发挥各省各级人大、政府在长江经济带生态环境保护中立法工作，尤其是各设市区在有立法权的条件下，要把生态环境保护作为当前和今后一个时期的工作重点，立足当前，着眼长远，结合实际，因地制宜，制定适宜本地区的生态环境保护法律法规，不断完善长江生态环境保护的制度体系。推进生态长江司法建设和司法协作，支持设立环保公益法庭、环保警察支队，检察院加大环保公益民事和刑事诉讼工作力度，建立法院、检察院、公安、海事、工商、金融、海关等部门的联动机制，提升执法力度和效率。

2. 建立自然资源资产产权管理制度

对各省水流、湖泊、森林、荒地、滩涂等自然生态空间进行统一确权登记，划定产权主体，创新产权实现形式，建立健全归属清晰、保护严格、流转顺畅的自然资源资产产权制度。健全自然资源资产管理体制，构建统一的自然资源监管体制。完善自然资源资产用途管制制度，合理确定并严守资源消耗上限、环境质量底线、生态保护红线。严格水资源论证和取水许可证制度，严格土地用途管制。加快编制自然资源资产负债表，建立健全领导干部任期生态文明责任制度、自然资源资产与环境责任离任审计和生态环境损害责任终身追究制。

3. 建立生态补偿机制

加大对沿江各省重点生态功能区转移支付力度，加大对各类自然保护区、风景名胜区和防护林、生态公益林、湿地建设的投入力度。按照"谁开发、谁保护，谁破坏、谁恢复，谁受益、谁补偿，谁污染、谁付费"的原则，在森林、湿地、流域水资源和矿产资源等领域，建立多元化的生态补偿机制。完善跨界的生态环境质量监测、评价体系，引导生态受益地区与保护地区之间、流域上游与下游之间，通过资金补助、产业转移、共建园区等方式实施补偿，建立横向生态补偿机制。要建立跨省流域共同出资的生态补偿基金，专门用于水源区的生态建设和环境保护；界定好各级政府在流域生态补偿工作中的职责、权限；建立对生态功能保护区、生态敏感区的利益补偿机制，并通过这一机制，督促上游省（市）承担起更多的环保责任，中下游受益省（市）要对此予以充分认可，并在资金、技术等方面进行援助；建立区域生态补偿的技术支撑，通过环境影响评价制度、环保监测制度等对重点流域进行持续的跟踪式评估；加强监测能力建设，搭建流域跨界断面水质、水量监测数据实时共享平台，为核定生态补偿金提供依据。[①]结合各省实际，制定相应政策，多渠道、多层次、广泛地筹措生态环境综合整治资金，并积极争取国际组织和外国政府的资助和贷款，严格做到专款专用。

4. 健全生态环境保护市场化机制

沿江各省建立充分反映资源稀缺、所有者权益、生态环境损害及修复成本的价格形成机制。完善土地、矿产、森林、湿地等资源有偿使用制度，扩大招拍挂出让比例。建立健全用能权、用水权、排污权、碳排放权初始分配制度，推行有偿使用和交易制度，加强交易平台建设，完善权利核定、价格形成和市场机制。建立湖北、江西等省碳排放权交易平台，推进碳汇造林和碳减排指标有偿使用交易。探索建立水权交易制度，鼓励和引导地区间、用水户间的水权交易。大力推行合同能源和水资源管理、环境污染第三方治理。研究建立生态价值评估制度，发展绿色信贷、绿色债券和绿色基金。建立健全生态环境损害估价和赔偿制度，在高风险行业推行环境污染强制责任保险。

5. 完善生态文明评价体系

因地制宜，根据各省实际情况，把资源消耗、环境损害、生态效益等绿色发展指标纳入评价体系，提高绿色考评权重，强化指标约束。同时，将生态文明建设内容纳入领导干部政绩考核体系，对生态文明建设实行分类考核，要考虑各省不同主体功能区、不同地区之间的差别，对优化开发区域资源环境类指标考核权重应高于经济类指标权重，对重点开发区域资源环境类指标与经济类指标并重，对限制开发区域和生态脆弱的国家扶贫开发工作重点县取消地区生产总值考核，允许各地根据自身实际情况增加特色考核指标。完善考核办法，明确考核目的、

---

① 李志萌. 共建长江经济带生态文明 [N]. 江西日报，2014-09-15（B3）.

考核内容、考核标准、考核方法、考核程序等，将生态文明建设考核纳入制度化、规范化和科学化轨道。

6.创新环境治理体制机制

改革环境治理基础制度，建立覆盖所有固定污染源的企业排放许可制度。建立各省企业环境违法黑名单制度，坚决关闭排放不达标企业。探索建立统一监管所有污染物排放的环境保护管理制度，实行省以下环保机构监测监察执法垂直管理。建立各省统一的实时在线环境监测系统，推进生态环境大数据建设。健全环境信息公布制度，强化重污染天气、饮用水水源地、有毒有害污染等关系公众健康的重点领域风险预警，健全沿江各省省、市、县三级联动的环境应急响应机制，完善突发生态环境事件信息报告和公开机制。建立健全环保督察制度，落实各省环境保护"党政同责"和"一岗双责"。开展环境保护督察巡视，严格环保执法。创新和完善公众参与环境监督保护的机制。

三、强化各级组织领导

沿江各省各级党委要总揽全局、协调各方，将生态文明建设工作摆上重要位置，进一步加强对推进生态文明建设的领导。支持人大按照法律赋予的职责，加强对生态文明建设的立法和监督工作，强化生态环保预算审查监督，加强环保及生态建设执法检查和监督，依法行使好重大事项决定权。各级政府要认真编制相关规划，制定实施配套政策，加大财政投入，强化行政执法，推进区域合作。支持政协积极履行政治协商、民主监督和参政议政职能，团结动员各方面力量为生态文明建设献计出力。各级纪检监察机关要切实加强对生态文明建设各项政策、措施贯彻情况的监督检查，确保各省委决策部署落到实处。党的基层组织和广大共产党员在推进生态文明建设中要充分发挥战斗堡垒作用和先锋模范作用。充分发挥工会、共青团、妇联等人民团体和各民主党派、工商联的作用，动员广大职工、共青团员、妇女群众和社会各界人士积极投身生态文明建设，形成社会各方共同参与的新局面。

完善政府责任机制。充分发挥"绿色指挥棒"作用。树立生态产品是公益产品、由政府买单的理念，沿江各级政府要将环保投入作为公共财政支出的重点，优先保证重大环境综合整治和生态建设项目资金，逐步增加节能环保能力建设经费。对所有环境违法案件实行"一案双查"，既追究企业的主体责任，也追究政府的监督责任。实施行政问责，坚决查处慢作为、不作为、乱作为的政府责任人。同时，对保护和改善环境有显著成绩的单位和个人，由人民政府给予奖励。完善政府项目审批机制。清理下放审批项目，提高审批效率。保障政府管理由事前审批转为事中事后监管，坚持以市场机制运作为主导，尽可能地减少政府直接审批数量，尽可能地减少权力寻租空间，最大限度地激发市场活力。按照权责一致的要求，强化审批责任，严格审批程序，建立负面清单制度和审批公示制度。完善政府绿色采购机制。提高采购透明度，政府绿色采购是政府依据一定的生态环境标准、评估办法和认定程序有选择地做出是否购买某种产品和服务的行政作为，从而向社会生产和社会消费环节传达绿色低碳节能环保的政策导向。借鉴国际通行做法实行绿色采购清单制度，公布强制性和指导性绿色采购清单。建立绿色新产品与服务更新调整标准规范的动态监管的资料信息系统和快捷交易平台，使得绿色企业和绿色产品的交易成本高、效率低。因此，应加快建立绿色技术进步的绿色新产品和服务的动态信息调整系统和机制，及时发布政府采购目录信息、绿色采购招投标程序、绿色产品和服务认定、绿色采购招投标结果，健全监督投诉处理情况公示机制，确保政府绿色采购有序、科学、公平和高效。

四、共同加强对生态系统的保护与修复

沿江各级政府要严格实施主体功能区制度，严格按照禁止开发区域、限制开发区域（农产品主产区和重点生态功能区）、重点开发区域的分类，控制开发强度。共同制定长江经济带区域性生态修复法规以及生态修复保证金制度，加强对开发建设项目的监管和审批。以环保优先和自然修复为主，维护重点河湖库区等

的健康生态；加强对天然林的保护，积极实施退耕还林，在长江经济带内生态比较脆弱、水土流失比较严重的区域进行封山育林；对长江经济带内的湿地生态实施恢复工程，恢复其湿地功能；以国家级和省级自然保护区为重点，加强对珍稀濒危野生动植物的保护，共同保护城市群的生物多样性。要加快组织开展长江经济带"共抓大保护"中突出问题专项检查，对沿江化工产业污染、船舶污染、干流近岸水域及湖库生态治理、生态保护政策措施落实等方面问题进行重点检查。目前"黑码头"、非法采砂专项整治取得阶段性成果，其中清理出长江干线"黑码头"1256个，要继续加大查处力度。

五、实施产业分工合作，构建绿色生态产业体系

"共抓大保护，不搞大开发"并不是不要发展经济，而是要更高水平地发展经济，就是习总书记说的"生态环境容量过紧日子"，在这一前提下发展经济，这是中华民族永续发展的必然要求。

1. 实行最严格的环境准入制度

沿江各省市要因地制宜设立产业、区域、河段三项环境准入制度，在加快发展的同时，决不降低环保和安全门槛，坚决关停并转不符合环保要求的企业，决不在接受产业转移过程中接受污染转移，决不让传统工业集中区成为新的污染源，决不以牺牲环境为代价换取一时的发展。通过严格的项目环评、环境准入和有效的奖惩激励，倒逼和引导企业不断加快科技创新与升级，推动园区产业升级改造和生态化改造。

2. 大力发展各自优势产业

长三角作为长江下游地区，经济发达，科技实力雄厚，改革开放较早，应该成为高科技研发中心、金融贸易中心和高端产业、总部经济的集聚地；长江中游

地区是我国重要的工业基地，具有良好的装备制造基础，产业配套能力比较强。而且区位条件好，交通四通八达，物流成本低，应将其打造成我国的制造业中心；上游地区资源丰富，经济欠发达，应依托资源加快科学发展，以资源型产业为主体，对资源进行深加工，延长产业链，提高附加值。

3. 实施产业有序转移

上、中、下游地区之间应该立足于自身的比较优势展开更高层次的分工合作，对符合比较优势的区域特色产业应加以优化升级，对比较优势错位的产业则可以利用天然的长江航道和发达的沿江综合运输体系实施产业转移，淘汰落后产能，对高能耗、高污染企业实现关停并转，实现产业合理布局。[①]推动国家级优化开发区域——长江三角洲地区转型发展、创新驱动发展，发挥长江三角洲地区的辐射引领作用，引导沿海地区产业有序向中西部内陆地区转移，促进长江中上游地区科学承接产业转移，提高资源配置效率，激发内生发展活力，推动长江经济带发展成为东中西互动合作的协调发展带。重点推进沿江地区国家级开发区转型发展，推进沿江地区国家级承接产业转接示范区（安徽皖江城市带承接产业转移示范区、湖北荆州承接产业转移示范区、重庆沿江承接产业转移示范区等）建设，推进两江新区、贵安新区、天府新区等国家新区建设，提升湘江新区发展水平，增强长江中上游地区承接产业转移的吸引力和承载力。

4. 共同加快生产方式、生活方式"绿色化"

第一，加快工业转型升级。一是着力发展高新技术产业。要以沿江国家级、省级开发区为载体，以大型企业为骨干，发挥中心城市的产业优势和辐射带动作用，布局一批战略性新兴产业集聚区、国家高新技术产业化基地，打造长江经济带世界级产业集群。二是坚决实施供给侧结构性改革，加大淘汰落后或过剩产能

---

①夏晓伦. 人民财评：打造长江经济带产业转型升级至关重要［N/OL］. 人民网，2014-04-29. http://finance.people.com.cn/n/2014/0429/c1004-24955008.html.

力度，如电力、钢铁行业以及化肥、电解铝、铁合金、水泥、平板玻璃、造纸、纺织等落后行业。三是深入推进"两化融合"。重点支持传统支柱产业应用信息技术、产品和装备，选择影响力大、创新能力强、产业链带动作用明显的骨干企业，打造"两化融合"龙头示范企业。四是积极发展循环经济和生态经济，着力开发"城市矿山"，培育壮大"静脉产业"。

第二，加快发展生态农业。保护和利用好长江流域宝贵农业资源，大力推广循环农业模式，积极推进国家有机食品生产基地建设，建设一批生态农业示范区。一是推行种植业清洁生产。进一步加大测土配方施肥的推广力度，加强缓释肥的推广使用，指导农民科学施用配方肥。严格控制农药污染，全面禁止使用高毒高残留农药，加强替代产品和技术的研究推广。二是在畜禽养殖业规模较大区域，建立一批标准化养殖小区，使畜禽养殖从低水平、分散性养殖向规模化、集约化、生态化养殖发展。三是加强水产养殖业污染治理。根据水域、滩涂等资源状况，确定合理的养殖规模、养殖方式，建设一批清洁水产养殖基地。四是推进农业废弃物的资源化和产业化。

第三，加快发展服务业。一是优先发展生产性服务业。优先发展以物流、金融、科技、商务为代表的集约高效、绿色低碳的生产性服务业，积极推动生产性服务业与制造业、农业的互动融合发展，提升科技服务经济社会发展的支撑能力。要特别注重发展绿色航运业，通过"油改汽"等措施减轻航运船舶对长江水体的污染。二是积极发展生活性服务业。拓展服务领域，重点促进商贸、旅游、文化、体育、房地产、家庭服务的繁荣发展，满足广大人民群众多层次、多样化的需求。三是培育壮大新兴服务业。推进动漫、通用航空、软件与服务外包、物联网、云计算等产业发展，鼓励发展总部经济、网络经济等新业态，抢占新兴服务业发展制高点。推进生活方式的"绿色化"，充分发挥沿江国家生态文明先行示范区、国家低碳省试点和国家低碳城市试点及国家可持续发展实验区示范作用，共同推进资源节约、绿色节能节水发展；倡导绿色出行，大力发展公共交通和城市慢行系统，加快形成勤俭节约、绿色低碳、文明健康的生活方式和消费模式。

六、共建跨区域环保机制

1. 构建跨区域生态环境保护联防联控体系

要创新环境污染的治理方式，提升治理环境污染的能力，统筹整合不同地区、不同部门的力量，建立起跨地区、跨部门的联防联控体系，协同治理环境污染问题。奥运会、世博会、亚运会期间，区域间协同改善空气质量的成功经验为协同治理体系提供了实践基础。长江经济带要通力合作，共同编制和实施水资源保护和水污染防治规划，共同防治鄱阳湖、太湖、巢湖、洞庭湖、滇池、东湖、玄武湖、西湖、岷江和嘉陵江、赣江、汉江、湘江、清江等重点河湖流域的水污染；联手防治大气污染，大力推进脱硫脱硝工程建设，实施城市清洁空气行动计划，建立健全城市群大气污染联防联控联治机制；建立定期协商对话机制，定期对生态文明建设中的重大问题进行讨论协商，达成共识；共同构建跨区域自动化、立体化的应急监测体系，加快建设大气、水质、噪声自动监测预警系统，加强对重大环境风险源的动态监控与风险预警及控制；建立跨界环境污染事故通报协商处置机制，完善事故发生通报机制、应急监测结果互通机制、事故协调处置机制等。探索建立三审合一环境庭，合并审理环境民事侵权、行政违法、刑事犯罪案件。如2004年河北省晋州市人民法院就成立了专门的环境保护审判庭。2008年5月6日无锡中级法院亦成立了环境保护审判庭，并在江阴、宜兴、滨湖区、锡山区和惠山区人民法院同时设立环境保护合议庭。

2. 构建环保协同治理的信息共享机制

信息共享是实现生态环保协同治理的前提条件。推行生态环保协同治理，必须以构建开放、畅通的信息共享机制为依托。企业、非政府组织和公民个人可以通过网络、博客、微博、论坛等途径提出大量关于生态文明建设的观点与意见，实现政府、企业、个人良好的互动。

3. 共同加强环保科技创新

加强水污染防治共性、关键、前瞻技术的攻关研发，推广成熟先进适用的水污染防治、节水、循环再利用、生态修复等技术。同时要加强生态化建设的理论与实践研究，可以采取课题委托等形式，组织科研院所及其他研究机构共同对生态环境保护技术进行研究，为政府决策提供理论支持和技术指导。可以建立适应生态产业发展的实验室，为生态文明建设工程提供科技投入和智力支持及产业支撑。政府可通过资金援助、提供信息及组织技术咨询等帮助和扶持环保企业进行技术研发，筛选最适用的环保技术和产品优先予以开发，并加以推广，把研究成果迅速向社会转移。

七、建立生态环保建设保障机制

1. 建立长江流域高层协调委员会

针对流域环保管理的特殊性，必须要建立一个统一的长江流域生态环保协调机构。建议国家主导成立跨行业（水利部、环保部、三峡集团、交通部等等），跨地域（辖区各省、市）的长江流域协调委员会，建立定期联系会议制度，定期就包括重大生态环境保护在内的议题召开联系会议，在环保方面的主要职能是要加强对整个长江流域的生态环境保护的规划、指导、协调和决策、保护与恢复流域自然生态环境，协调人类活动与生态环境之间的关系。

2. 建立长江流域监测、预警、监督和评估系统

加强互联网技术在长江流域管理上的广泛应用，逐步实施数字化管理。加强生态监测站网建设，及时注意长江流域生态环境状况的动态变化，合理布局监测站网，提高站网在空间和监测对象上的覆盖面、在站网稀疏监测资料缺乏地区要适当增加布点。利用卫星远传和自动监测系统，建立自动观测、传输和无人留守的气候、水文等生态环境监测站，逐步完善站网的建设。在此基础上，建立生态环境变化的预警系统，未雨绸缪，提高对生态安全事件发生的预见能力，以便采

取果断措施，及时加以预防和处理、防患于未然。同时对生态安全建设规划的实施要进行全过程监督，对实施结果要进行认真评估，这样在很大程度上能确保规划顺利实施和执行。[①]

3. 建立稳定环保投入机制

根据国际经验，环保投资占GDP的比例为1%～1.5%时才能基本控制环境污染；当投资占比提高到2%～3%时，环境质量才能明显提高。发达国家的环保投资大都占GDP比例的2%～3%，中国环保投资占比还处在1.5%左右的水平。长江经济带生态文明建设需要投入大量的资金，必须建立起稳定的环保投入机制。首先，长江经济带作为国家生态安全重要组成部分之一，国家应从中央财政中拨出专款用于长江流域生态安全建设。然后，长江流域各级政府要继续加大环保财政投入，环保投资占国内生产总值的比例应尽快向发达国家看齐。最后，探索环保投资主体多元化。要强化政府环保投入的主体地位，建立多元化的投融资机制，健全绿色财政、绿色金融等环境经济政策，引导和鼓励社会资本投入生态环保领域，建立稳定的环境保护资金来源渠道。落实国家环境经济政策，建立反映资源环境成本的价格机制，制定有利于资源节约和环境保护的经济政策。积极申请国家专项环境保护基金，通过建设、经营、转让等多种渠道，有效聚集绿色发展的资金，确保重点项目的资金落实到位。除了政府财政投资外，积极探索政府绿色债券融资、采购制度、财政贴息、公私合作模式（PPP模式）、税收激励政策等政策措施，鼓励企业、个人和外商投资，积极参与长江流域生态建设。

---

①吴豪，许刚，虞孝感. 关于建立长江流域生态安全体系的初步探讨［J］. 地域研究与开发，2001，20（2）：34-37.

参考文献

[1] 田军，倪钢. 生态文明概念的解释与分析[J]. 湖北三峡职业技术学院学报，2009
（2）：33-35.

[2] 万本太. 以生态保护工作的实际行动积极推动生态文明建设[J]. 环境教育，2008
（1）：27-28.

[3] 徐晓霞，郑红莉. 生态文明建设提出的时代背景及其重要意义[J]. 经济研究导刊，
2013（11）：267-268.

[4] 高红贵. 关于生态文明建设的几点思考[J]. 中国地质大学学报（社会科学版），
2013，13（5）：42-48.

[5] 黄承梁. 生态文明建设的重要意义和战略任务[EB/OL]. 北京：中华人民共和国环
境保护部网站，2012［2012-08-12］. http://www.zhb.gov.cn/home/ztbd/rdzl/
stwm/zjwl/201211/t20121106_241415.shtml.

[6] 邹炜龙. 长江经济带开发开放战略由来与演变[EB/OL]. 北京：百度文库，
2013［2013-10-29］. http://wenku.baidu.com/link?url=cIUw2YRi4Utj3v_
p43y3xoX8ev12509X5JDVkiD-YLmdLcMthbw3RQHR3b8e1dXTLits6Qd23DS0T
qAJ9inlLIgWPoxlrsRX_bMA8u955I3.

[7] 秦尊文. 长江经济带蕴藏巨大内需潜力[N]. 环球日报，2015-06-01.

[8] 秦尊文. 推进生态长江、文化长江、经济长江建设[N]. 湖北日报，2016-02-26.

[9] 秦尊文. 长江怎么大保护[N]. 湖北日报，2016-03-02.

[10]秦尊文，陈丽媛. 推进长江中游城市群生态文明建设一体化[J]. 理论月刊，2014（9）：5-9.

[11]彭志敏. 实现长江经济带生态保护优先绿色发展的路径[N]. 湖北日报，2016-03-02.

[12]陈丽媛. 五大举措维护长江经济带生态安全[N]. 湖北日报，2016-03-02.

[13]陈丽媛. 完善长江经济带生态安全保障机制[J]. 决策与信息，2016（4）：52-56.

[14]陈丽媛. 长江中游城市群生态文明建设研究：中三角蓝皮书[M]. 北京：社会科学文献出版社，2014.

[15]李春秋，王彩霞. 论生态文明建设的理论基础[J]. 南京林业大学学报（人文社会科学版），2008，8（3）：7-12.

[16]袁美华. 简论我国生态文明建设的理论基础[J]. 西部教育研究，2013，13（3）：37-40.

[17]潘岳. 马克思主义生态观与生态文明[N]. 学习时报，2015-07-14.

[18]吴素萍. 中国传统生态思想的当代思考[J]. 宁波教育学院学报，2015，17（6）：66-69.

[19]杜祥碗，温宗国，王宁，等. 生态文明建设的时代背景与重大意义[J]. 中国工程科学，2015，17（8）：8-15.

[20]巴志鹏. 中国共产党生态文明建设思想探源[J]. 甘肃社会科学，2013（5）：153-155.

[21]熊辉，任俊宏. 改革开放以来中国共产党生态文明思想的演进[J]. 新视野，2013（5）：113-116.

[22]冯俏彬. 跨区域生态补偿的国际经验与借鉴[N]. 中国经济时报，2014-06-17.

[23]徐长乐. 长江经济带具有明显的后发优势[J/OL]. 长江航运杂志，2014［2014-06-12］. http://www.cjhy.gov.cn/hangyundongtai/dianziqikan/hangyunzazhi/201406/t20140612_250927.html.

[24]长江航运杂志编辑部. 美国密西西比河的开发治理经验[J/OL]. 长江航运杂志，2010［2010-10-14］. http://www.cjhy.gov.cn/hangyundongtai/dianziqikan/

hangyunzazhi/201010/t20101014_176937.html.

[25]张璐璐. 莱茵河流域治理对我国流域管理的经验借鉴[N]. 光明日报，2014-06-25
（16）.

[26]文锦菊，冯友钊，李政钧. 国内外推进生态文明建设的经验与启示[J]. 湖南科技学
院学报，2013（10）.

[27]佚名. 论贵州生态文明建设[EB/OL]. 北京：百度文库，2014［2014-10-10］.
http://wenku.baidu.com/link?url=ibL_WZSXGhxjK-q9FMr6dbLTB7qiMAb0rtSKC
olghEnwaVcB0WBiEz9BMDLMZ2xYhnkOoRTJGoEVd7SRCknZlQBaUcKBfo1W
RsBCpWnVsLi.

[28]晁建强. 贵州省生态环境存在的问题及对策[J]. 中国园艺文摘，2013（7）.

[29]陈慧琳. 贵州省的城市生态环境问题[J]. 人文地理，2002（6）.

[30]付延功. 贵州省生态文明建设的路径选择[J]. 中国西部科技，2010，9（18）：61-62.

[31]张伏全. 治理石漠化 建设彩云南[J]. 云南林业，2015（4）.

[32]谢秋凌. 云南省生态环境保护的现状及法律制度分析[J]. 云南大学学报（法学版），
2008，21（1）.

[33]张荐华，马子红. 云南省生态环境保护存在的问题与对策[J]. 经济问题探索，2005
（11）：82-85.

[34]佚名. 四川加快推进长江上游生态屏障建设[EB/OL]. 成都：四川省人民政府网，
2015［2015-05-25］. http://www.sc.gov.cn/10462/10464/10465/10574/2015/5/2
5/10336943.shtml.

[35]李慧. 推进四川生态文明建设研究[J]. 四川行政学院学报，2012（4）.

[36]廖斌. 四川省生态屏障建设与环境资源保护法制思考[J]. 科技与法律，2004
（4）：118-123.

[37]王东明. 坚持绿色发展 建设美丽四川[J]. 瞭望，2016（03）.

[38]张建强，李娜. 四川省生态安全存在的问题及对策[J]. 四川省情，2006（7）：

32-33.

[39]佚名. 重庆2014年森林资源变更调查成果新闻发布会[EB/OL]. 北京：国务院新闻办公室网站，2015［2015-01-30］. http://www.scio.gov.cn/xwfbh/gssxwfbh/xwfbh/chongqing/Document/1394061/1394061.htm.

[40]史大平. 重庆市人民政府关于全市水污染防治工作情况的报告[EB/OL]. 重庆市人民代表大会常务委员会公报，2015（4）［2015-11-09］. http://www.ccpc.cq.cn/home/index/more/id/195057.html.

[41]黄意武. 利用长江经济带的建设，打造重庆沿江生态走廊[N]. 重庆日报，2014-07-09.

[42]尹少华. 湖南生态文明建设的"加减乘除"[EB/OL].［2016-01-28］. http://news.sina.com.cn/o/2016-01-28/doc-ifxnzanh0231354.shtml.

[43]欧绍华. 湖南生态文明建设的困境和路径选择[EB/OL].［2016-02-17］. http://news.sina.com.cn/o/2016-02-17/doc-ifxpmpqt1360924.shtml.

[44]湖南省人民政府发展研究中心课题组. 2014-2015年湖南两型社会与生态文明发展报告[EB/OL]. 湖南：绿网，2015［2015-09-12］. http://www.czt.gov.cn/Info.aspx?ModelId=1&Id=31643.

[45]郑彦妮，李鹏程. 湖南生态文明建设研究[J]. 湖南社会科学，2015（2）.

[46]胡康林. 大力发展循环经济推动资源再生利用[N/OL]. 江西网络广播电视台，2014-11-21. http://news.jxgdw.com/jszg/2651806.html.

[47]江西日报评论员. 夯实绿色发展的产业基础[N]. 江西日报，2015-07-27（1）.

[48]孙晓山. 江西省生态文明先行示范区建设探讨[J]. 中国水利，2015（1）：14-15.

[49]杨锦琦. 江西生态环境建设存在的问题与对策建议[J]. 经济期刊，2015年（7）：208-209.

[50]江春晖. 坚持低碳发展，建设生态文明：以安徽省为例[J]. 云南社会主义学会学报，2014（4）：311-314.

[51]许敏娟.加强制度建设，打造生态强省：对安徽生态文明制度建设问题的思考[J].绿色视野，2015（3）：44-48.

[52]江传力.推进安徽生态文明建设的着力点[N].安徽日报，2014-06-23（7）.

[53]徐振宇，周燕林.立足省情打造安徽生态文明升级版[J].经营者（学术版），2013（7）：24-25.

[54]杨明，汪再.安徽省参与泛长江三角洲区域分工合作研究[J].合作经济与科技，2013（23）.

[55]浙江省发改委课题组."五位一体"总体布局下的浙江生态文明建设思路[J].浙江经济，2014（6）.

[56]徐震.浙江把生态省建设不断引向深入[J].瞭望，2013（15）.

[57]沈满洪.生态文明制度建设的"浙江样本"[N].浙江日报，2013-07-19.

[58]陆桂华.江苏省推进水生态文明建设的实践和探索[J].中国经贸导刊，2014（1）.

[59]李宗尧.扎实推进江苏生态文明新体系建设[J].江苏大学学报（社会科学版），2013（9）.

[60]周永艳，王水，柏立森，等.浅谈江苏省生态文明建设工作[J].污染防治技术，2014（5）：70-72.

[61]徐民华，王金水.生态文明建设的实践创新：以江苏省为例[J].党政研究，2015（3）：99-103.

[62]佚名.森林，让城市和我们更美好[N].解放日报，2015-05-26（8）.

[63]龚骊.上海市生态文明建设成效与问题分析[J].统计科学与实践，2014（1）.

[64]夏晓伦.人民财评：打造长江经济带产业转型升级至关重要[N/OL].人民网，2014-04-29.http://finance.people.com.cn/n/2014/0429/c1004-24955008.html.

[65]李志萌.共建长江经济带生态文明[N].江西日报，2014-09-15（B3）.

[66]吴豪，许刚，虞孝感.关于建立长江流域生态安全体系的初步探讨[J].地域研究与开发，2001，20（2）：34-37.

[67]刘春湘，李乐.湘江流域协同治理缺失分析与因应之策[J].湖南师范大学社会科学学报，2014（3）：80-84.

[68]李胜，王小艳.流域跨界污染协同治理：理论逻辑与政策取向[J].福建行政学院学报，2012（3）：84-88.

[69]陶国根.协同治理：推进生态文明建设的路径选择[J].中国发展观察，2014（2）：30-32.

[70]王佃利，史越.跨域治理视角下的中国式流域治理[J].新视野，2013（5）：51-54.

后 记

长江是我们的母亲河，是中华民族的伟大象征。千百万年来，她哺育了中华民族，孕育了几千年华夏文明。随着人类物质文明的高速发展，生态环境遭到破坏，我们的母亲河长江也受到了伤害。2016年1月5日，中共中央总书记、国家主席、中央军委主席习近平在重庆召开推动长江经济带发展座谈会，发起了保护长江的强烈呼声。此后，社会各界保护长江的呼声日益高涨。我作为湖北省社会科学院一名普通的学者，通过本书，对长江经济带沿线九省二市近年来生态环境保护的做法进行了系统的梳理，总结经验和不足，并积极探索生态保护的有效途径，共建生态协同治理机制，希望为长江经济带实现生态优先、绿色发展提供一些参考。

多年的工作得到湖北省社会科学院长江流域经济研究所彭智敏所长、张静副所长以及赵霞、白洁、汤鹏飞、李春香、刘陶等同志的帮助，在此一并谢过。特别感谢湖北省社会科学院副院长秦尊文研究员一直以来的支持与鼓励，大到研究方向的确定，小到论文的修改，他都给了耐心细致的指导，本书的写作更是吸收了秦尊文研究员的不少研究成果，在此表示衷心的感谢。同时，秦尊文研究员严谨的治学态度、敏锐的学术观察力、忘我的工作精神，值得我终身学习。

长江经济带范围广，生态文明建设内涵深刻，限于认识和水平，错漏之处敬请读者批评指正。同时，在本书的写作过程中，我参阅了大量的文献资料，主要参考书目如有疏忽遗漏，敬请有关作者谅解。

陈丽媛

2020年1月于武昌